VR 虚拟现实模型设计与制作（基础篇）

主编　林秋萍　徐　颖

北京理工大学出版社
BEIJING INSTITUTE OF TECHNOLOGY PRESS

图书在版编目（CIP）数据

VR虚拟现实模型设计与制作.基础篇 / 林秋萍，徐颖主编. —北京：北京理工大学出版社，2019.5
ISBN 978-7-5682-6518-8

Ⅰ.①V… Ⅱ.①林…②徐… Ⅲ.①虚拟现实－模型－制作 Ⅳ.①TP391.98

中国版本图书馆CIP数据核字（2018）第285930号

出版发行 / 北京理工大学出版社有限责任公司
社　　址 / 北京市海淀区中关村南大街5号
邮　　编 / 100081
电　　话 /（010）68914775（总编室）
　　　　　（010）82562903（教材售后服务热线）
　　　　　（010）68948351（其他图书服务热线）
网　　址 / http://www.bitpress.com.cn
经　　销 / 全国各地新华书店
印　　刷 / 雅迪云印（天津）科技有限公司
开　　本 / 889毫米×1194毫米　1/16
印　　张 / 15.75　　　　　　　　　　　　　　　　责任编辑 / 王玲玲
字　　数 / 490千字　　　　　　　　　　　　　　　文案编辑 / 王玲玲
版　　次 / 2019年5月第1版　2019年5月第1次印刷　责任校对 / 周瑞红
定　　价 / 102.00元　　　　　　　　　　　　　　　责任印制 / 施胜娟

福建省 VR/AR 行业职业教育指导委员会

主　　任：俞　飚　　网龙网络公司副总裁、福州软件职业技术学院董事长
副 主 任：俞发仁　　福州软件职业技术学院常务副院长
秘 书 长：王秋宏　　福州软件职业技术学院副院长
副秘书长：陈媛清　　福州软件职业技术学院鉴定站副站长
　　　　　林财华　　网龙普天公司副总经理
委　　员：陈宁华　　福建幼儿师范高等专科学校现代教育技术中心主任
　　　　　刘必健　　福建农业职业技术学院信息技术系主任
　　　　　李瑞兴　　闽江师范高等专科学校计算机系主任
　　　　　孙小丹　　福州职业技术学院副教授
　　　　　张清忠　　黎明职业大学教师
　　　　　伍乐生　　漳州职业技术学院专业主任
　　　　　孙玉珍　　漳州城市职业学院系副主任
　　　　　胡海锋　　闽西职业技术学院信息与网络中心主任
　　　　　谢金达　　湄洲湾职业技术学院信息工程系主任
　　　　　林世平　　宁德职业技术学院副院长
　　　　　黄　河　　福建工业学校教师
　　　　　张剑华　　集美工业学校高级实验师
　　　　　卢照雄　　三明市农业学校网管中心主任
　　　　　鄢勇坚　　南平机电职业学校校办主任
　　　　　杨萍萍　　福建省软件行业协会秘书长
　　　　　鲍永芳　　福建省动漫游戏行业协会秘书长
　　　　　黄乘风　　神舟数码（中国）有限公司福州分公司总监
　　　　　曲阜贵　　厦门布塔信息技术股份有限公司艺术总监

VR 虚拟现实系列规划教材
编写委员会

虚拟现实（Virtual Reality）是近年来十分活跃的技术研究领域。目前，其应用已广泛涉及军事、教育培训、工程设计、商业、医学、影视、艺术、娱乐等众多领域，并带来了巨大的经济效益。随着 VR 虚拟现实技术的兴起，VR 成为最有前景和最佳的交互体验式的显示方式。VR 技术已经开始逐步进入人们的生活中，目前多家大型硬件生产商开始升级其旗下的 VR/AR 的应用分发平台，如 APPLE 的 ARkit、Google 的 ARCore 等。

虚拟现实系统中的建模是整个虚拟现实系统建立的基础，设计一个 VR 系统，首要的问题是创造一个虚拟环境，这个虚拟环境包括三维模型、三维声音等。在这些要素中，因为在人的感觉中，视觉摄取的信息量最大，反应也最为灵敏，所以创造一个逼真而又合理的模型，并且能够实时动态地显示是最重要的。构建虚拟现实系统的很大一部分工作也是建造逼真合适的三维模型。

通过本教材的学习，学生可以掌握 VR 三维建模的专业范围、性质和意义。在培养学习方法和设计理念的基础上，进一步掌握 VR 三维建模的基本设计方法和表现内容，掌握不同模型的类型、功能与性质，确定环境中模型空间、形态、材料和功能的关系和规律，在对 VR 三维建模制作流程认识和理解的基础上，能根据不同的功能、性质、应用及相关软件进行合理的设计和绘制，能用不同的手段表现差异化的设计效果。

本教材旨在让学习者在掌握 3D 建模的基础上，掌握对虚拟现实技术的建模方法，以及整套的 VR 模型技术的表现方法、制作流程和步骤。本教材使用案例与基础知识点相结合的方式，基础理论适度，采用大量图例解析，实操截图，理论讲解通俗易懂，使学生掌握 VR 三维建模的基础知识及不同需求的模型类型、功能、行业要求等，培养起学习 VR 制作的乐趣和自信，使初学者能从一开始就能事半功倍地掌握 VR，从而更好地掌握专业技能。本书中所涉及的经验和技巧，是作者在项目实践和教学过程中不断积累的成果，能够帮助初学者更好地掌握 VR 技术。

本教材具有较强的针对性，教材内容兼具目前市面上较为少见的针对 VR 虚拟现实模型的制作流程，并将技术基础与实践相结合。本教材分为基础篇和进阶篇，其中基础篇内容包括：第 1 章 VR 模型制作概述，主要介绍 VR 模型制作流程、VR 模型制作软件简介、VR 模型制作标准；第 2 章 3ds Max 建模必备知识，介绍了 3ds Max 2016 入门综述、3ds Max 2016 常用工具栏介绍、基本操作、3ds Max 2016 常用建模方法、3ds Max 2016 多边形建模工具详解；第 3 章基本物体建模（建筑模型），介绍了基本物体的创建、标准基本体的创建及扩展基本体的创建，并对植物、花房的制作，地形、亭子的制作，别墅建筑模型制作案例进行详细讲解；第 4 章 VR 场景模型，介绍了低精度模型制作特点、种类，Q 版中式二次元建筑制作实例，欧式写实类场景制作实例，低精度场景模型 UV 分配、整合与导出。本教材在内容设计上，通过章节划分小节进行阐述，每个章节内容阐述后，均有配套设计与实践案例解析，做到理论结合实际，更好地学习菜单、命令等内容，更加容易理解和消化知识要点和重点。理论结合设计实践，实现无缝对接，更直观地理解与感悟知识点，达到学习的目的。

本教材由网龙网络有限公司和福州软件职业技术学院联合编写，编写过程中参考了许多国内外专家学者的优秀著作及文献，得到了福建省 VR/AR 行业职业教育指导委员会的大力支持，在此一并表示感谢。由于编者水平有限，教材中难免有所不足，欢迎广大读者批评指正！

编　者

Contents

目 录

第 2 章　3ds Max 建模必备知识

第 4 章　VR 场景模型

第 1 章
VR 模型制作概述

学习目标

- 了解 VR 模型的制作过程。
- 了解 VR 模型制作中各种软件的应用。
- 熟悉 VR 引擎模型资源制作标准及规范。

本章节主要对 VR 模型制作流程做详细概述，对原画设计、模型制作、UV 拆分、贴图绘制、烘焙贴图及引擎渲染知识进行讲解，并对 VR 模型制作所应用的软件进行简单介绍，最后对 VR 引擎模型资源技术每一阶段的规范和要求进行详细讲解。

虚拟现实（VR）建模是利用虚拟现实技术，在虚拟的数字空间中模拟真实世界中的事物，将数字图像处理、计算机图形学等多学科融为一体，为人们建立一种逼真的、虚拟的、交互式的三维空间环境。

VR 建模是整个虚拟现实（VR）系统建立的基础，设计一个 VR 系统或游戏，首要的问题是创造一个虚拟环境，在人的感觉中，视觉摄取的信息量最大，所以创造一个逼真而又合理的模型，并且能够实时显示是至关重要的。VR 的建模和做 3D 效果图、3D 动画的建模方法有很大的区别，主要体现在模型的制作流程和建模规范上。

首先对 VR 模型制作流程做简单介绍：

※ 1.1 VR 模型制作流程

1. 低精度 VR 模型制作流程（图 1.1）

图 1.1　低精度 VR 模型制作流程

2. 高精度 VR 模型制作流程（图 1.2）

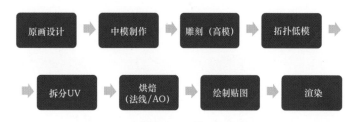

图 1.2　高精度 VR 模型制作流程

VR 人物模型如图 1.3 所示。

图 1.3　VR 人物模型

1.1.1　原画设计

实际上，一个角色或场景的建立都是从原画设计开始的，这个步骤是最难、最有创意的，虚拟世界中的人与物是原画设计者经过头脑的多次加工，形成既符合现实世界人与物结构的基本逻辑，又能够适当超越客观与真实的形象。只有这种经过艺术再加工后的形象，才能使游戏玩家在亦真亦幻的情境中体验到游戏带来的不一样的人生体验，从而促成游戏与玩家的双重成功。原画设计包含很多内容，不仅有角色设计，还有道具设计、环境设计等，这些原画设计就像是图纸，相应地就有角色三维制作、道具三维制作、场景三维制作等。如图 1.4～图 1.7 所示。

图 1.4 人物原画设计

图 1.5 场景原画设计

图 1.6 原画线稿设计

图 1.7　线稿上色绘制

1.1.2　VR 模型制作

在 VR 系统中建模，应该在保证必需的模型质量的情况下做到数据量尽量少、VR 系统的运行效率快。因为 VR 中的运行画面每一帧都是靠显卡和 CPU 实时计算出来的，如果模型面数太多，会导致文件增大，运行速度降低，甚至无法运行。所以，目前在 VR 项目中，所有面数多的模型都需要转换为低精度模型，也称为次世代做法。

VR 次世代游戏制作流程就是先用 Zbrush 或其他雕刻软件制作完成高精度模型，然后以高精度模型为参考，采用多边形编辑的方式，拓扑制作出大致能包裹高模并且面数少的低精度模型，最后通过烘焙的方式，把高模的细节映射到低模上，最后通过法线贴图、高光贴图等一系列贴图来丰富低精度模型的细节。如图 1.8 所示。

图 1.8　VR 人物模型

1. 低精度 VR 模型

在制作低精度模型的时候，首先要考虑的是面数问题，所以在 VR 低精度模型的表现效果上，是三分靠模型，七分靠贴图。VR 模型要求物体面数尽量少，但布线要合理，整体模型结构完整，主要以贴图来达到或接近高模的效果。比如人物面部、外轮廓形体等地方可以多占些面数，一些小部件尽量用少的面数。如图 1.9 和图 1.10 所示。

现在一般都使用多边形编辑建模，好处是方便布线，有利于控制面数，点、线、面编辑起来不是很复杂，UV 也很好展开，方便贴图绘制。

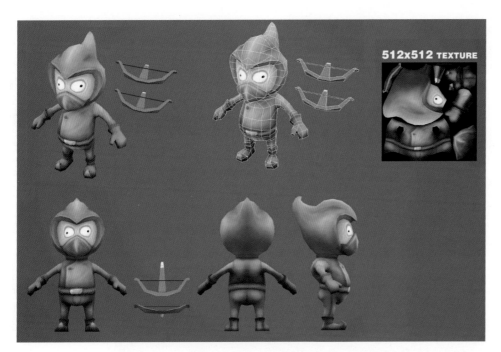

图 1.9　低精度 VR 模型

图 1.10　低精度 VR 游戏角色模型

2. 高精度模型

高精度模型强调的是真实，模型的细节更丰富，构成的面数较多，它不仅能很好地表现出原型的结构，更能表现出原物的细节部分，通过雕刻软件制作的模型，能充分发挥建模师艺术的建模能力，不受点、线、面约束和限制。高模是为低模服务的，为了烘焙法线贴图而存在，这样处理的好处是不仅能保证模型的细节，而且渲染速度非常快。如图 1.11和图 1.12 所示。

图 1.11　高精度 VR 人物模型（一）

图 1.12　高精度 VR 人物模型（二）

模型制作软件：3ds Max、Maya、ZBrush、Mudbox、3d-Coat、Cinema 4D、Blender 等。

1.1.3　拆分 UV

UV 是 U、V 纹理贴图坐标的简称。它定义了图片上每个点的位置的信息。这些点与 3D 模型是相互联系的，以决定表面纹理贴图的位置。UV 是将图像上的每一个点精确对应到模型物体的表面。比如，一个骰子有六个面，要画贴图，就先要把 UV 拆成一个平面。UV 的分法有很多，但最终目的都是要使 UV 在不拉伸的情况下以最大的像素来显示贴图。合理的 UV 分布取决于纹理类型、模型构造、模型在画面中的比例、渲染尺寸等。如图 1.13 所示。

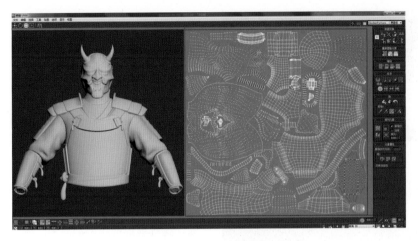

图 1.13 人物 UV 拆分

UV 拆分软件：Unfold3D、Headus UV Layout。

1.1.4 绘制贴图

1. 贴图的定义

贴图就是将二维图形等纹理附着在模型表面，使三维模型具有纹理效果。VR 模型最终效果的好坏，贴图起到 70% 的作用。对于面数比较低的模型而言，大部分细节都是靠贴图来表现的。

2. 贴图格式及大小

贴图的格式有要求，必须为 TGA、PNG、BMP、JPG、DDS 格式的；贴图的颜色模式为 RGB 模式。常规贴图用 JPG 格式的图片，贴图品质为 12（最佳）。透明贴图用 PNG 或带通道的 TGA 格式的图片。

贴图的尺寸一般是正方形，分辨率采用 2 的 N 次方：256×256、512×512 等。由于 VR 是实时渲染的，贴图越大，处理时间就越长，因此，一般最多使用 1 024×1 024、2 048×2 048 分辨率的贴图。存储时，要将贴图品质设为最佳分辨率 72 像素 / 英寸。如图 1.14～图 1.16 所示。

图 1.14 角色模型

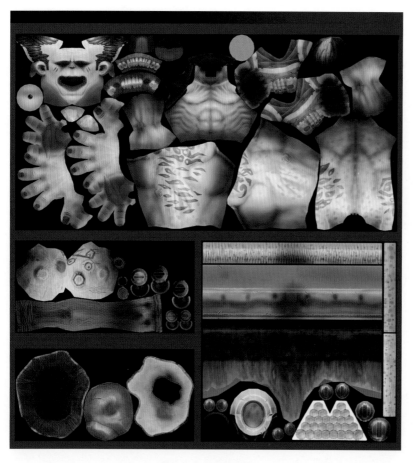

图 1.15　绘制贴图

图 1.16　贴图绘制效果

贴图绘制软件：Photoshop、BodyPaint 3D、Mudbox、Substance Painter、Mary、Quixel 等。

1.1.5　贴图烘焙

贴图烘焙技术也叫 Render To Textures，简单地说，就是一种把 max 光照信息渲染成贴图的方式，而后把这个烘焙后的贴图再贴回到场景中去的技术。贴图的制作技巧是创建游戏真实度方面的关键因素。其实就是将模型与模型之间的光影关系通过图片的形式转换出来，这样就形成了一种贴图，将这种贴图控制在模型上，可以得到一种假的但很真实的效果。使用 CrazyBump、xNormal、Substance Paintert 等软件都可以烘焙出一整套贴图，包括法线贴图、AO 贴图、固有色贴图、高光贴图、透明贴图等。如图 1.17 ～图 1.19 所示。

（1）法线贴图（Normal map）：我们学过物理，因此都知道，光线射向平面的角度通常使用光线和该点法线间的角度来表示。始终垂直于某平面的虚线，公正无私，像个法官一样，故取名为法线。法线贴图生成方法，就是把同一个模型的高、低模型贴合在一起，将高模的细节通过烘焙的方法生成凹凸贴图。

（2）A O 贴 图（Ambient Occlusiont）：又称为环境光遮蔽贴图，AO 贴图不受任何光线影响，它是根据物体的法线，发射出一条光。这个光碰触到物体的时候，就会产生反馈。附近有物体的，呈现出黑色；没有物体的，呈现为白色。它主要是通过改善阴影来实现更好的图像细节的。

AO 贴图在模型制作完成后，不直接贴在材质球上，而是以正片叠底的形式放置在固有色材质上，会使物体的明暗更加真实。

（3）固有色贴图（Color map）：固有色是指物体固有的属性在常态光源下呈现出来的色彩。

（4）高光贴图（Specular map）：就是光滑物体弧面上的亮点（而平面上则是一片亮）。因此高光间接表现一个物体的材质。主要用来制作贴图中的高光部分，通常使用滤色的方式来叠加。

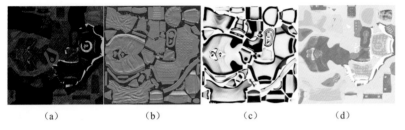

（a）　　　　　（b）　　　　　（c）　　　　　（d）

图 1.17　烘焙的贴图效果

（a）固有色贴图；（b）法线贴图；（c）AO 贴图；（d）高光贴图

图 1.18　贴图前效果

图 1.19　贴图后效果

（5）透明贴图：透明贴图是利用贴图图像在物体的表面产生透明的效果，类似于遮罩。黑色表示完全透明，白色是不透明，灰色则是透明。如羽毛、头发，通常会使用 Alpha 贴图进行抠图，实现边缘的丰富细节。灰色部分常用于玻璃、窗帘这样的物件。

贴图烘焙软件：CrazyBump、xNormal、Substance Painter。

1.1.6　引擎渲染

等所有模型和贴图都制作完成后，就可以导入到引擎里了。将贴图连接到对应的节点上，根据灯光对材质的质感开始进行参数上的调整。到这里，角色建模的任务就算是完成了。如果实时交互渲染，引擎软件 Unity 3D、UE4，甚至 Lumion 都可以做到，使用的基本上是它们的材质和灯光系统，主要靠的是显卡 GPU 的实时渲染。一般情况下，如果要快速检测模型和贴图效果，测试渲染软件最好是 Marmoset Toolbag，并且它支持 PBR 渲染。如图 1.20 所示。

图 1.20　引擎渲染效果

引擎软件：Unity 3D、CryEngine 3、HeroEngine、Rage Engine、GameSalad、GameMakerStudio、Cocos2D。

※ 1.2　VR 模型制作软件简介

1.2.1　模型制作软件

1. 3ds Max

3D Studio Max，是 Autodesk 公司下的一款具有三维建模、渲染和动画设计等功能的软件，常简称为 3d Max 或 3ds Max。3ds Max 技术广泛应用于广告、影视、工业设计、建筑设计、多媒体制作、游戏、辅助教学及工程可视化等领域。其首先运用于电脑游戏中的动画制作，后更进一步参与影视片的特效制作，例如《X 战警Ⅱ》《最后的武士》等，现在被广泛应用于游戏开发、角色动画制作、电影、电视特效制作和建筑装饰设计等领域，比如片头动画和视频游戏的制作，深深扎根于玩家心中的劳拉角色形象就是 3ds Max 的杰作，如图 1.21 所示。目前市面最新版本是 3ds Max 2018。

2. Maya

Autodesk Maya 是美国 Autodesk 公司出品的世界顶级的三维动画软件，其应用对象是专业的影视广告、角色动画、电影特技等。Maya 功能完善，工作灵活，易学易用，制作效率高，渲染真实感强，是电影级别的高端制作软件。掌握了 Maya，会极大地提高制作效率和品质，调节出仿真的角色动画，渲染出电影一般的真实效果。Maya 集成了 Alias、Wavefront 最先进的动画及数字效果技术。它不仅包括一般三维和视觉效果制作的功能，而且还与最先进的建模、数字化布料模拟、毛发渲染、运动匹配技术相结合。

Maya 的应用领域极其广泛，《星球大战》系列、《指环王》系列、《蜘蛛侠》系列、《哈里波特》系列、《木乃伊归来》、《最终幻想》、《精灵鼠小弟》、《马达加斯加》、《Sherk》及最近的大片《金刚》等都是出自 Maya 之手。至于其他领域的应用，更是不胜枚举。如图 1.22 所示。

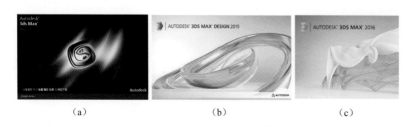

（a）　　　　　　　　　（b）　　　　　　　　　（c）

图 1.21　3ds Max 软件界面

（a）3ds Max 2012；（b）3ds Max 2015；（c）3ds Max 2016

图 1.22　Maya 软件界面

3. ZBrush

ZBrush 是一个数字雕刻和绘画软件，它以强大的功能和直观的工作流程彻底改变了整个三维行业。ZBrush 软件是世界上第一个让艺术家感到无约束，可以自由创作的 3D 设计工具，它的出现完全颠覆了过去传统三维设计工具的工作模式，解放了艺术家的双手和思维，告别过去那种依靠鼠标和参数来笨拙创作的模式，完全尊重设计师的创作灵感和传统工作习惯。

图 1.23　ZBrush 版本界面

设计师可以通过手写板或者鼠标来控制 ZBrush 的立体笔刷工具，随意地雕刻自己头脑中的形象。至于拓扑结构、网格分布一类的烦琐问题，都交由 ZBrush 在后台自动完成。其细腻的笔刷可以轻易塑造出皱纹、发丝、青春痘、雀斑之类的皮肤细节，ZBursh 不但可以轻松塑造出各种数字生物的造型和肌理，还可以把这些复杂的细节导出成法线贴图和展好 UV 的低分辨率模型。这些法线贴图和低模可以被所有的大型三维软件如 Maya、Max、SoftimageXsi、Lightwave 等识别和应用，成为专业动画制作领域里面最重要的建模材质的辅助工具。

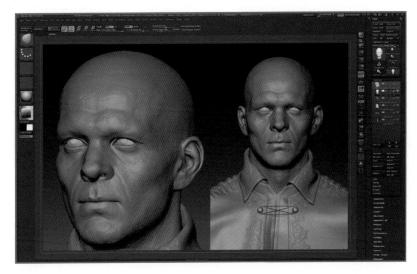

图 1.24　ZBrush 操作界面

ZBrush 在电影和游戏等高端制作领域中广泛应用。在指《指环王》系列、《加勒比海盗》系列、《暗黑传说》《维尼亚传奇》系列、《黄金罗盘》这些影视项目中，ZBrush 主要用于制作和加工高精度模型，之后生成高精度的置换贴图、颜色贴图和法线贴图，最后把这些贴图赋予面数比较低的模型。如图 1.23 ～图 1.25 所示。

图 1.25　《阿凡达》ZBrush 角色模型

4. Mudbox

Mudbox 数字雕刻与纹理绘画软件结合了直观的用户界面和一套高性能的创作工具，使三维建模专业人员能够快速、轻松地制作三维模型，为三维建模人员和纹理艺术家提供了创作自由性，而不必担心技术细节。其可制作出超逼真的高面数三维模型。Mudbox 被 Autodesk 公司买下，更名为欧特克数字雕刻软件。Mudbox 的基本操作方式与 Maya 的相似，在操作上非常容易上手。Mudbox 解决了游戏和电影制作流程中最常见的"瓶颈"之一：法线和置换贴图的烘烤。Mudbox 不但可以绘制颜色贴图，还可以绘制高光、凹凸、反射等多种贴图。如图 1.26 和图 1.27 所示。

图 1.26　Mudbox 版本界面

图 1.27　Mudbox 操作界面

1.2.2　拆分 UV 软件

模型 UV 展开是整个制作流程中非常重要的一环。UV 展开这一步非常关键，它决定了模型和贴图映射的好坏。一般的三维软件都能做到模型的 UV 展开，但是有的操作很麻烦，有的功能太简单。在 3DCG 的制作过程中，展开贴图坐标一直是一个充满挑战又烦琐的工作，Unfold3D 软件能够帮助我们快速、准确地完成展开贴图坐标的任务。Unfold3D 是一个独立的软件，这样使用起来可以不受 3D 软件的限制，通过导入主流 3D 软件都能够支持的 OBJ 文件格式进行数据交换。如图 1.28 所示。

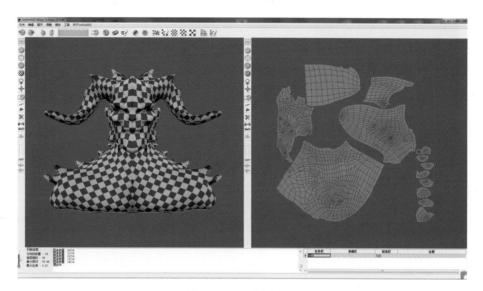

图 1.28　UV 拆分界面

1.2.3　贴图绘制软件

1. Photoshop

Adobe Photoshop，简称 PS，是由 Adobe Systems 开发和发行的图像处理软件。Photoshop 是集图像扫描、编辑修改、图像制作、广告创意、图像输入与输出于一体的图形图像处理软件，深受广大平面设计人员和电脑美术爱好者的喜爱。

Photoshop 主要处理由像素构成的数字图像。使用其众多的编修与绘图工具，可以有效地进行图片编辑工作。Photoshop 有很多功能，在图像、图形、文字、视频、出版等方面都有涉及。如图 1.29 和图 1.30 所示。

图 1.29　Photoshop 软件界面

（a）

（b）

（c）

图 1.30　Photoshop 绘制效果

（a）原图；（b）绘制效果（一）；
（c）绘制效果（二）

2. BodyPaint 3D

您尝试过直接在 3D 物体上绘制贴图吗？ BodyPaint 3D 是德国 MAXON 公司出品的一款专业的贴图绘制软件，它能够让您所见即所得。它可以非常好地支持大多数例如 3ds Max、Maya 等主流的三维软件，支持颜色、透明、凹凸、高光、自发光等多种贴图通道，绘制工具非常强大。其 UVW 编辑也非常优秀，使用者可以及时看到绘制结果，并根据需求来使用不同的显示级别和效果。BodyPaint 3D 一经推出，立刻成为市场上最佳的贴图绘制软件，BodyPaint 3D 是现在最为高效、易用的实时三维纹理绘制软件。如图 1.31 和图 1.32 所示。

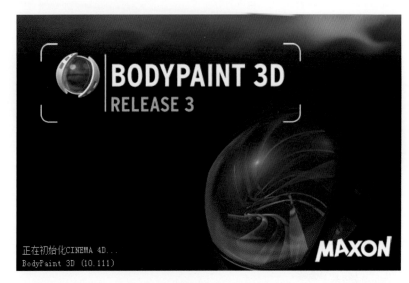

图 1.31　BodyPaint 3D 软件界面

图 1.32　BodyPaint 3D 贴图绘制效果

BodyPaint 3D 软件界面友好，在使用习惯上也很接近于三维软件及 Photoshop 软件。上手简单，功能强大，使其在众多的同类软件中脱颖而出，在世界各地，包括好莱坞的许多大片如《蜘蛛人》《亚瑟王》等众多的影片制作中，都使用了 BodyPaint 软件来绘制贴图。

3. Substance Painter

Substance Painter 是一款功能强大的 **3D** 纹理贴图软件，该软件提供了大量的画笔与材质，用户可以设计出符合要求的图形纹理模型。软件具有智能选材功能，用户在使用材质时，系统会自动匹配相应的材料，可以创建材料规格并重复使用适应的材料。该软件拥有大量的制作模板，用户可以在模板库中找到相应的设计模板，非常实用。

Substance Painter 是一个独立的软件，又是最新的次时代游戏贴图绘制工具，支持 **PBR** 基于物理渲染最新技术。它具有一些非常新奇的功能，尤其是它的粒子笔刷，可以模拟自然粒子下落，粒子的轨迹形成纹理，可以淋漓尽致地表现出水、火、灰尘等效果。其可以一次绘出所有的材质，几秒内便可为贴图加入精巧的细节。可以在三维模型上直接绘制纹理，避免了 UV 接缝造成的问题，功能非常强大。如图 1.33 所示。

图 1.33　**Substance Painter** 软件界面

1.2.4　贴图烘焙软件

1. CrazyBump

CrazyBump 是一款图片转法线贴图生成软件，当场景有大量贴图的时候，往往需要花费大量时间在贴图绘制上，而 CrazyBump 则彻底解决了这个问题。CrazyBump 操作起来非常简便，可调节参数也不是很多，效果比 Photoshop 插件的细节要丰富点，并且能同时导出法线、置换、高光和全封闭环境光贴图，并有即时浏览窗口。其利用普通的 2D 图像制作出带有 Z 轴（高度）信息的法线图像，可以用于其他 3D 软件中，使一个低精度的模型表现出高精度的效果。如图 1.34 和图 1.35 所示。

使用它后，用一张普通的贴图会得到原图、法线贴图、置换贴图、AO 贴图、高光贴图 5 张贴图。

图 1.34　**CrazyBump** 软件界面

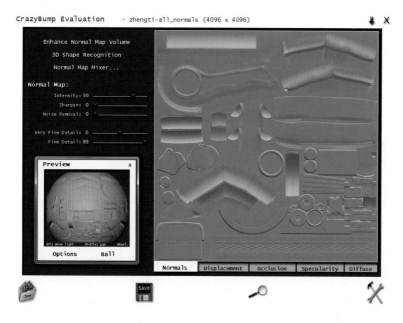

图 1.35　CrazyBump 贴图烘焙效果

2. xNormal

xNormal 是大名鼎鼎的次时代游戏制作工具，可以烘焙高模的法线、置换、环境光、bent 法线等纹理信息，以用于低模中。最主要的是，其渲染速度快，是 3ds Max、Maya 等的几倍，目前已成为各大游戏公司的必备工具。如图 1.36 所示。

图 1.36　xNormal 软件界面

xNormal 支持众多的模型及图片格式，此外，还支持许多高级的参数。xNormal 最大的优点是不用显示出模型就烘焙，所以即使面数高到令 3ds Max、Maya 爆机的高模，也可以导进去烘焙，并且非常适合角色的制作。

1.2.5　渲染引擎软件

作为 3D 美术人员，我们都会通过一个平台来最终输出自己的美术作品，如果选择使用 Maya 或者 3ds Max，就需要花费大量的时间去学习一款渲染器；如果使用 UE4 这种大型引擎的话，也需要很长的时间去学习，并且这种大型引擎对 3D 美术物件的展示针对性也不强。

Marmoset Toolbag 的出现，为很大一部分纯粹的 3D 美术工作人员提供了一个快捷便利、可以展示自己美术作品的解决方案。8 猴公司推出的 Marmoset Toolbag 超级实时渲染引擎的主要功能是可以进行实时模型观察、材质编辑和动画预览，它能给游戏艺术家提供一个快速、简单、实用的应用平台来展示他们的辛勤劳动成果。如图 1.37 所示。

的三维建模软件中使用，也可以为游戏引擎提供强大的树木库支持，目前已经成为著名游戏引擎 Unreal 的御用树木生成软件。其支持在其他三维建模软件中使用，如 3ds Max、Maya、Houdini、Cinema4D、Rhino 等。电影《阿凡达》电影里的植物大部分都是 Speedtree 软件制作的。如图 1.38 和图 1.39 所示。

图 1.37　**Marmoset Toolbag 软件**

Marmoset Toolbag 是一个全功能的实时渲染工具，其中包含了材质编辑器、摄像机系统、灯光系统等，以及最先进的 PBR 工作流程，为 3D 艺术家提供了强大的高品质的渲染平台。

Marmoset Toolbag 操作界面非常友好，极易上手，任何人都可以在很短的时间内熟练使用 Toolbag2 输出高品质的 3D 美术作品，所以 Toolbag 得到了全球 3D 艺术家的一致认可。其不但可以在工作中实时预览效果，也可以当作最终输出平台来渲染、优化自己的作品。

1.2.6　其他软件

1. Speedtree

Speedtree 是一款专门的三维树木建模软件，支持大片树木的快速建立和渲染。Speedtree 还拥有很多特效及优化技术，开发者只需要输入环境中的风速和风向等自然条件，Speedtree 就可以让树木随风摇摆、随四季变化。并且它本身还带有强大的树木库，它不仅可以通过插件将树木导入到其他

图 1.38 《阿凡达》电影树木场景（一）

图 1.39 《阿凡达》电影树木场景（二）

Speedtree 支持游戏引擎，支持 Unity3D 和 UE4 游戏引擎，并提供强大的树木库支持。为了提高效率，在制作一棵树时，不必从头开始，最好是从植物库中找到外形相近的树木，对其修改即可。如图 1.40 所示。

图 1.40 Speedtree 软件界面

2. Marvelous Designer

Marvelous Designer 是一款专业的 3D 服装设计软件，支持导入其他软件做好的模特模型，支持导出衣服模型到其他三维软件，实时布料解算模拟衣服在模特身上的效果。从基本的衬衫，到错综复杂的百褶连衣裙、粗犷的制服，Marvelous Designer 几乎可以复制所有类型的织物的纹理和物理特性。如图 1.41 所示。

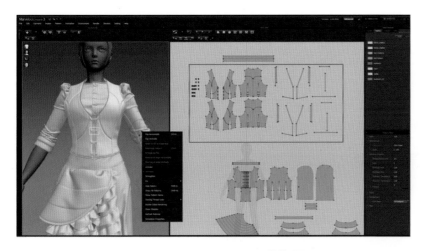

图 1.41　Marvelous Designer 软件界面

Marvelous Designer 的接口可以和其他 3D 软件进行很好的兼容，通过准确、快速的模拟进行实时的服装修改和试穿。Marvelous Designer 的革新性板片基础理论已经通过了顶级的游戏工作室的考验，如 EA、Konami，在一些动画电影上也可以看到它的身影，包括《霍比特人》《丁丁历险记》等。

※ 1.3　VR 模型制作标准

1.3.1　VR 模型制作标准

1. 模型尺寸规格

为统一模型比例和尺寸，所有涉及 VR 相关资源的建模，统一固定的单位：厘米，模型尺寸大小必须以真实人物或物体的尺寸作为参考。如图 1.42 所示。

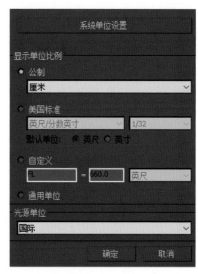

图 1.42　单位设置

2. 模型命名规范

（1）VR 模型文件命名规范：必须为英文小写字母或阿拉伯数字的组合，禁止使用空格和中文字符，如果需要做单词间隔，可采用"_"。必须在规划之初确定命名体系和规范，不允许出现重命名。

（2）FBX 文件命名规范：FBX 文件命名与 3ds Max 文件同名。FBX 中的命名信息不得随意改变。

（3）贴图文件命名规范：模型名称 _ 贴图属性缩写 +ID 号。如果模型有多个 ID，ID 号按照顺序命名。如：d（正常贴图）、n（法线贴图）、s（高光贴图）、m（遮罩贴图）。

3. 模型面数要求

在制作 VR 项目之前，一定要对整个场景内所有物体进行面数的详细规定，如：

（1）人物模型面数参考：① 平台对应基础面数：PSVR、Xbox、PS4 为 2 万～ 5 万面；② PC 端为8 千～ 1.5 万面；③ 高端手机（S7，华为 p10）为 8 千面以下；④ 低端手机（小米）为 3 千～ 5 千面。

（2）物件模型面数参考：复杂

模型为 1 万面以内，中等模型为 5 000 ～ 7 000 面，简单模型为 500 ～ 1 000 面，特殊大型物件为 2 万面以内。

（3）LOD 制作规范参考：LOD 是英文 Level Of Details 缩写，是指模型的细致程度，当物体在视图中逐渐变小时，需要制作不同版本的模型替换该物体，从而达到节省系统资源的目的。VR 模型一般要制作 3 个等级不同面数的模型，适用于零距离、近距离和远距离的应用。

① LOD0：近距离观察，距离 0 ～ 5 米，通常为基础模型面数；

② LOD1：在 5 ～ 15 米观察，面数约为 LOD0 的一半；

③ LOD2：超过 15 米，面数保持在 10 ～ 500 面。

4. 模型轴心点设置规范

轴心点设置在模型中心点且对齐模型 Z 轴最低点，然后将整个模型移动到世界零坐标轴上，并且在输出之前进行 ResetXFom 的操作。所有模型资源务必确保模型的朝向一致（即角色的正面朝向世界坐标系的反 Y 轴），具体如图 1.43 所示。

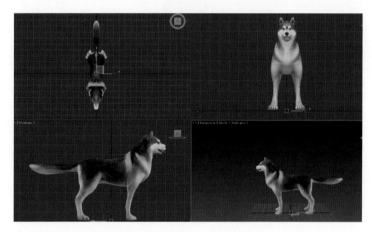

图 1.43　模型轴心点规范

5. 模型 POSE 规范

为了后期动作绑定，人物模型均采用 T-pose 或 A-pose 造型，动物尾巴部分要求拉直，如图 1.44 所示。

图 1.44　模型 POSE 规范

6. 光滑组规范

光滑组是利用面与面之间的角度来设定平滑。设置光滑组时，要确保正确，以不能出现黑面为准，要尽量少并合理分配光滑组，光滑组必须从 1 开始按顺序分配（对于不同的光滑组，UV 要分开）。如图 1.45 和图 1.46 所示。

（a）　　　　　　　　　　（b）

图 1.45　光滑组设置规范

（a）错误；（b）正确

（a）　　　　　　　　　　（b）

图 1.46　光滑组分配原则

（a）错误；（b）正确

7. 模型布线规范

模型布线要均匀，关节布线要求符合人体布线密度，符合动作运动规律。关节处至少需要布置两组线。如图 1.47 和图 1.48 所示。

图 1.47　模型手臂布线规范

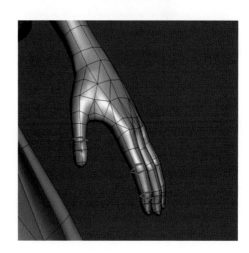

图 1.48　模型手指布线规范

8. UV 拆分规范

（1）UV 合理拆分，尽量把需切开的 UV 线藏在结构里面（比如缝隙、凹槽和衣服的裁缝线）或者看不到的地方（比如底面和遮挡面），如图 1.49 所示。

图 1.49　UV 拆分规范

（2）UV 的拆分一般采用 512×512 或 1 024×1 024 像素贴图精度分布，允许适当的浮动。如图 1.50 和图 1.51 所示。

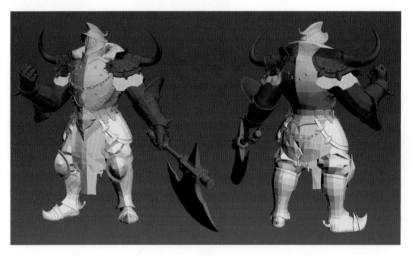

图 1.50　模型拆分示例

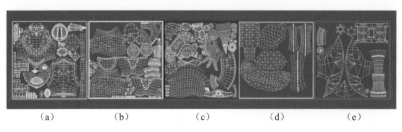

图 1.51　UV 拆分

（a）上半身 UV；（b）下半身 UV；（c）手臂 UV；（d）衣服 UV；（e）斧子 UV

（3）UV 不超过外框（必须在 0～1 象限范围内），UV 摆放要最大化地被利用，有效纹理要占整个贴图面积的 80% 以上（UV 之间需要预留 2～3 个像素的贴图溢出范围）。

（4）每个 UV 的图像大小要一样，因为 UV 的大小影响到贴图的分辨率。如果有部分 UV 像素大，有的像素小，制作出来的场景或人物会有部分清晰、部分模糊的情况。

（5）UV 分布合理，布局摆放规范，如人物模型根据身体部位分类摆放，如图 1.52 和图 1.53 所示。

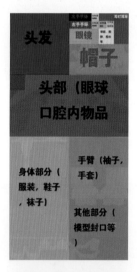

图 1.52　UV 布局规范（一）

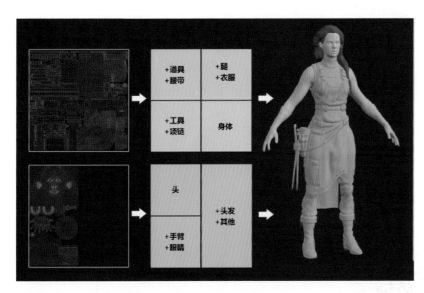

图 1.53　UV 布局规范（二）

9. 贴图烘焙规范

在移动平台，通常只需要制作基础贴图即可；在 PC 端平台的高端版本，可考虑添加法线、贴图和高光贴图，以增加整体细节及美术效果。如图 1.54 和图 1.55 所示。

减大小。

（2）贴图格式：以 TGA、PNG、BMP 等无损图片格式为主。

（3）贴图烘焙类型：包括颜色贴图（Color map）、法线贴图（Normal map）、AO 贴图（Ambient Occlusion）、高光贴图（Specular map）、透明度贴图、灰度贴图（Cavity map）、光泽度贴图（Gloss map）、ID 贴图等，目前主要用到的是颜色贴图、法线贴图、AO 贴图、高光贴图、透明度贴图，具体视模型情况而定。

（4）制作贴图时，绘制各种不同的纹理贴图，需要表现出不同的质感，贴图中要包括色彩变化、明暗反差、纹理精度和高光等效果。如图 1.56 所示。

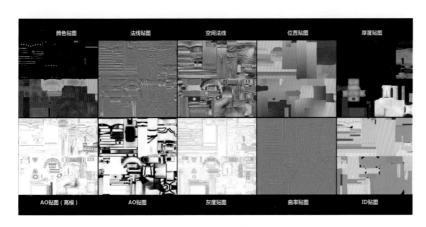

图 1.54　贴图类型

图 1.56　贴图叠加效果

图 1.55　不同贴图叠加效果

（1）贴图尺寸：标准贴图主要采用 1 024×1 024、2 048×2 048 大小的贴图，尺寸必须是 2 的幂次方，最大不超过 8 192×8 192，视平台适当缩

1.3.2 各制作阶段模型规范

1. 中模阶段制作标准

中模制作阶段是根据原画设定来制作大的形体结构，这阶段要求以形体比例为重点，在制作过程中要保证模型制作的完整性，结构比例准确无误，外形和细节与原画一致，理清层级穿插关系，配饰物件齐全。如图1.57和图1.58所示。

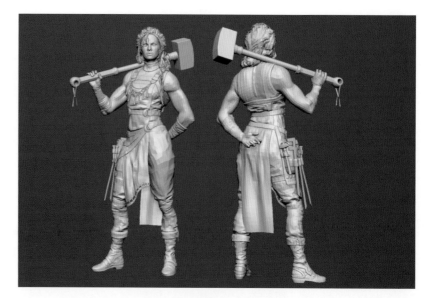

图 1.57 ZBrush 中模模型

图 1.58 3ds Max 中模模型

2. 高模阶段制作标准

高模制作阶段需要根据原画把所有细节做出来，原画不清楚的地方，要合理地补充，气质和整体风格要与原画吻合。这阶段要求各个模型材质区分明确，细节刻画到位，结构真实准确，外形轮廓剪影可以适当夸张变化。如图1.59和图1.60所示。

图 1.59　高精度人物头部模型

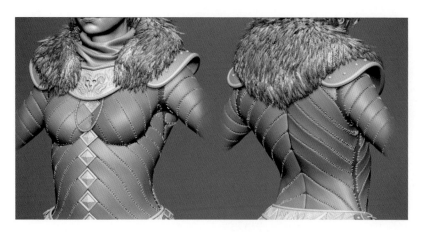

图 1.60　高精度人物身体模型

3. 低模阶段制作标准

在低模制作阶段，需要考虑到总面数的问题。模型的面数需要尽量节省，可以针对一些不在动画关节和不在视觉中心的部位简化布线，将能烘焙到法线上的结构尽量用法线贴图的形式来表现。这个阶段要求模型布线工整均匀，以正方的 4 边面为主，不能出现 5 边面或更多边面，不能出现扭曲和废点、废面或漏面的情况。如图 1.61 ～图 1.63 所示。

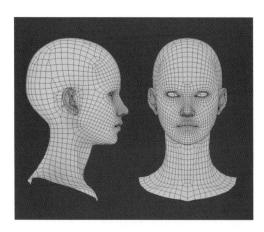

图 1.61　低精度人物脸部拓扑

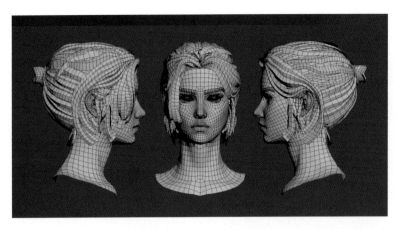

图 1.62　低精度人物头发拓扑

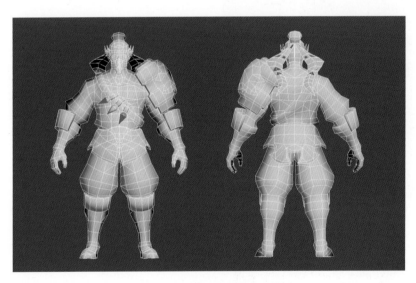

图 1.63　低精度人物身体拓扑

1.3.3　最终提交阶段

（1）最终提交文件包括模型文件（OBJ 格式）、模型原文件（3ds Max 或 Maya 原文件）、贴图文件（包括颜色贴图、法线贴图、AO 贴图、高光贴图等，所有贴图统一为 PNG 格式）、贴图原文档（Photoshop 或 Substance Painterss 可编辑）、缩略图（PNG、1 024×1 024 白底）。

（2）最终效果截图需要展示各个视角，如图 1.64 和图 1.65 所示。

图 1.64 最终效果截图（一）

图 1.65 最终效果截图（二）

第 2 章
3ds Max 建模必备知识

学习目标

● 了解 3ds Max 2016 项目工作流程，掌握项目文件管理相关知识。

● 了解 3ds Max 2016 常用工具栏。

● 掌握 3ds Max 2016 视口与对象的基本操作。

● 了解 3ds Max 2016 常用建模方法。

● 掌握 3ds Max 2016 多边形建模工具的使用方法。

3D Studio Max，常简称为 3d Max 或 3ds Max，是 Discreet 公司开发的（后被 Autodesk 公司合并）基于 PC 系统的三维动画渲染和制作软件。其前身是基于 DOS 操作系统的 3D Studio 系列软件。在 Windows NT 出现以前，工业级的 CG 制作被 SGI 图形工作站所垄断。3D Studio Max + Windows NT 组合的出现一下子降低了 CG 制作的门槛，首先开始运用在电脑游戏中的动画制作，后更进一步开始参与影视片的特效制作，现广泛应用于广告、影视、工业设计、建筑设计、三维动画、多媒体制作、游戏、辅助教学、工程可视化及 VR 内容制作等领域。在 Discreet 3ds Max 7 后，正式更名为 Autodesk 3ds Max。本章所有案例均基于 3ds Max 2016 进行编写。

※ 2.1　3ds Max 2016 入门综述

2.1.1　项目工作流程

每个项目都是不同的，但用 3ds Max 创建的大部分模型，有其大致的总体步骤。3ds Max 是一个"单文档应用程序"，这意味着一次只能处理一个场景。可以多次运行 3ds Max，在每个实例中打开一个不同的场景，但这样做将需要大量的内存。要获得最佳性能，应仅打开一个实例并且一次只对一个场景进行操作。

1. 前期规划

在开始制作三维项目之前，提前做好规划设计是非常必要的环节，比如绘制设计稿或者查找参考图片等工作，这样有助于了解与选择合适的对象，以便提高工作效率。

2. 建模

3ds Max 提供多种建模途径，要创建模型，可以从不同的 3D 几何基本体开始；也可以使用 2D 图形作为放样或挤出对象的基础，将对象转变成多种可编辑的曲面类型，然后通过拉伸顶点和使用其他工具进一步建模。

另一个建模工具是修改器。修改器可以更改对象几何体。"弯曲"和"扭曲"是修改器的两种类型。

在命令面板和工具栏中可以使用建模、编辑和动画工具。

3. 材质设计

可以使用"材质编辑器"设计材质，编辑器在其自身的窗口中显示。使用"材质编辑器"定义曲面特性的层次可以创建有真实感的材质。曲面特性可以表示静态材质，也可以表示动画材质。

4. 灯光和摄影机

3ds Max 提供两种类型的灯光对象：标准灯光不使用物理值，而光度学灯光在物理上是精确的，并且最适用于真实模型。可以创建带有各种属性的灯光来为场景提供照明。灯光可以投射阴影、投影图像及为大气照明创建体积效果。

摄影机将在场景上设置视口。3ds Max 中的摄影机对象具有用于镜头长度、视野和运动控制等的真实世界控件。

5. 设置动画

3ds Max 可以设置对象和角色的动画。

3ds Max 提供了几种不同的创建角色的方法。其中一种方法是使用角色动画工具包（CAT）。使用 Character Studio 工具集是一种备选方法。

只要打开"自动关键点"按钮，就可以设置场景动画。关闭该按钮，可以返回到建模状态。也可以对场景中对象的参数进行动画设置，以实现动画建模效果。

"自动关键点"按钮处于启用状态时，3ds Max 会自动记录所做的移动、旋转和缩放比例更改，但不是记录为对静态场景所做的更改，而是记录为表示时间的特定帧上的关键点。此外，还可以设置许多参数的动画，使灯光和摄影机随时间变化，并在 3ds Max 视口中直接预览动画。

使用"轨迹视图"来控制动画。"轨迹视图"是浮动窗口，可以在其中为动画效果编辑动画关键点、设置动画控制器或编辑运动曲线。

6. 渲染最终结果

3ds Max 中的渲染器包含选择性光线跟踪、分析性抗锯齿、运动模糊、体积照明和环境效果等功能。渲染会在场景中添加颜色和明暗处理。

如果工作站是网络的一部分，网络渲染可以将渲染任务分配给多个工作站。

2.1.2　操作界面

3ds Max 界面由控件、状态信息和视口组成，从中可以使用和查看场景。如图 2.1 所示。

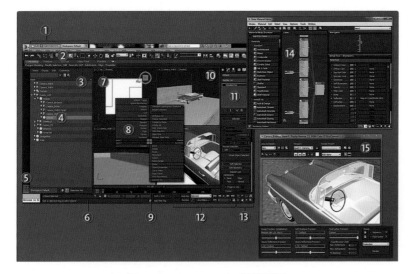

图 2.1　3ds Max 2016 操作界面

3ds Max 最大的特点之一就是它的多功能性。许多程序功能可以通过多个界面元素来使用。例如，可以从主工具栏和"图形编辑器"菜单中打开"轨迹视图"来控制动画，但要在"轨迹视图"中获得某个特定对象的轨迹，最简单的方法是右键单击该对象，然后从四元菜单中选择"选定轨迹视图"。

可以使用下列方法自定义用户界面：添加键盘快捷键、移动工具栏和命令面板、创建新工具栏和按钮，甚至将脚本录制到工具栏按钮中。

（1）快速访问工具栏：提供文件处理功能和撤销 / 重做命令，以及一个下拉列表，用于切换不同的工作空间界面。

（2）主工具栏：提供 3ds Max 中许多最常用的命令。

（3）功能区：包含一组工具，可用于建模、绘制到场景中及添加人物。

（4）场景资源管理器：用于在 3ds Max 中查看、排序、过滤和选择对象，还可重命名、删除、隐藏和冻结对象，创建和修改对象层次，以及编辑对象属性。

（5）视口布局：这是一个特殊的选项卡栏，可用于在不同的视口配置之间快速切换。可以使用提供的默认布局，也可以创建自己的自定义布局。

（6）状态栏控件：显示有关场景和活动命令的提示和状态信息。提示信息右侧的坐标显示字段可用于手动输入变换值。

（7）视口标签菜单：视口标签用于更改各个视口显示内容的菜单，其中包括观察点（POV）和明暗样式。

（8）四元菜单：在活动视口中任意位置（除了在视口标签上）单击鼠标右键，将显示四元菜单。四元菜单中可用的选项取决于选择。

（9）时间滑块：允许沿时间轴导航，并跳转到场景中的任意动画帧。可以通过右键单击时间滑块，然后从"创建关键点"对话框中选择所需的关键点，快速设置位置和旋转或缩放关键点。

（10）视口：可从多个角度显示场景，并预览照明、阴影、景深和其他效果。

（11）命令面板：可以访问提供创建和修改几何体、添加灯光、控制动画等功能的工具。尤其是"修改"面板上包含大量工具，用于增加几何体的复杂性。

（12）动画控件：可以创建动画，并在视口内播放动画。

（13）视口导航：使用这些按钮可以在活动视口中导航场景。

（14）Slate 材质编辑器：提供创建和编辑材质及贴图的功能。将材质指定给对象，并使用不同的贴图在场景中创建更逼真的效果。

（15）渲染帧窗口：显示场景的渲染，并可轻松进行重新渲染。使用此处的其他控件可以更改渲染预设、锁定渲染至特定视口、渲染区域以加快反馈速度等。

2.1.3　设置场景

当打开 3ds Max 时，就启动了一个未命名的新场景。也可以随时从"应用程序"菜单中选择"新建"或"重置"命令来启动一个新场景。

1. 选择单位显示

在"单位设置"对话框中选择单位显示系统。可以从"公制""美国标准""通用"方法中选择，或者设计一个自定义度量系统。可以随时在不同的单位显示系统之间切换。

注：为了获取最佳结果，应在以下操作时使用一致的单位：

（1）合并场景和对象。

（2）使用外部参照对象或外部参照场景。

2. 设置系统单位

"单位设置"对话框中的"系统单位"设置，用于确定 3ds Max 与输入到场景的距离信息如何关联。该设置还确定舍入误差的范围。除非建立非常大或者非常小的场景模型，否则不要更改系统单位值。

（1）设置栅格间距。在"栅格和捕捉设置"对话框的"主栅格"面板中设置可见栅格的间距。可以随时更改栅格间距。

（2）设置视口显示。视口布局选项如图 2.2 所示。

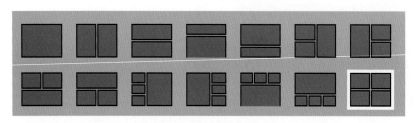

图 2.2 视口布局选项

3ds Max 中默认的四个视口按一种有效的和常用的屏幕布局方式排列。在"视口配置"对话框中设置相应的选项可以更改视口布局和显示属性。

2.1.4 管理场景、文件和项目

应定期备份和存档所做的工作。经常保存场景能避免误操作和丢失所做的工作。

1. 保存增量文件

如果启用"首选项"对话框"文件首选项"中的"增量保存"选项，则每次进行保存时，程序都会通过在文件末尾增加一个两位数的数字，并增加数字的方式重命名当前场景。例如，如果打开一个名称为 myfile.max 的文件，然后将其保存，则被保存的文件名称为 myfile01.max。每次保存文件时，其名称都会被增加，生成 myfile02.max 文件、myfile03.max 文件等。

还可以使用"另存为"来为文件名手动增加一个两位数的数字，方法是单击"另存为"对话框上的增量按钮（+）。

2. 使用自动备份

在"首选项"对话框上设置"自动备份"选项即可自动定期保存备份文件。备份文件的名称为 AutoBackupN.max，其中 N 是一个从 1 到 99 的数字，默认情况下将其存储在 \autoback 文件夹，并像加载任何其他场景文件一样加载备份文件。

3. 存档场景

3ds Max 场景可以使用众多不同的文件。如果要与其他用户交换场景或为了归档而存储场景，通常就不能只保存场景文件。

使用"应用程序"菜单中的"归档"命令可将场景文件和场景所使用的任何位图文件传递到与 PKZIP 软件兼容的归档程序中。

4. 拖放 3ds Max 场景文件

将 3ds Max 文件从桌面或 Windows 资源管理器拖动到 3ds Max 窗口。

放置文件时，将弹出一个菜单，其中提供了几个选项，如图 2.3 所示。

打开文件

合并文件

外部参照文件

图 2.3 拖放 3ds Max 场景文件时
弹出的菜单

（1）打开文件。打开 3ds Max 场景。

这样可以替换先前打开的场景（如果有）。

（2）合并文件。合并 3ds Max 文件中的对象。

（3）外部参照文件。外部参照 3ds Max 文件中的对象。

这些命令用于创建、打开和保存场景，导入和导出其他 3D 文件格式，退出 3ds Max，以及其他操作。

※ 2.2 3ds Max 2016 常用工具栏介绍

2.2.1 标题栏

3ds Max 窗口的标题栏包含常用控件，用于管理文件和查找信息。如图 2.4 所示。

图 2.4 标题栏

1. "应用程序"按钮 

单击"应用程序"按钮可显示文件处理命令的"应用程序"菜单。

2. 快速访问工具栏

快速访问工具栏提供用于管理场景文件的常用命令的按钮。如图 2.5 所示。

图 2.5 快速访问工具栏

3. 信息中心

通过信息中心可访问有关 3ds Max 和其他 Autodesk 产品的信息。如图 2.6 所示。

图 2.6 信息中心

4. "窗口"控件

与所有 Windows 应用程序一样，标题栏的右侧有三个用于控制窗口的按钮：

（1）▬ 最小化窗口。

（2）▢ 最大化 / 还原最大化窗口，或将其还原为以前的尺寸。

（3）✕ 关闭应用程序。

2.2.2 菜单栏

菜单栏位于主窗口的标题栏下面。每个菜单的标题表明该菜单上命令的用途。如图 2.7 所示。

图 2.7 菜单栏

3ds Max 包含两个菜单系统。如果使用过 3ds Max 2014 之前的 3ds Max 版本，会比较熟悉默认菜单（称为 3ds Max）。或者，可以使用"增强型菜单"部分所述的增强型菜单。

要访问增强型菜单，只需打开快速访问工具栏上的"工作区"下拉列表，然后选择"默认 + 增强型菜单"即可。如图 2.8 所示。

图 2.8 访问增强型菜单

以下是增强型菜单系统中的可用功能：

每个面板都可以收拢或展开，不论其是处于固定还是浮动状态。面板收拢时，标题栏的左侧会显示一个"+"图标，右侧会显示一个向右的三角形。面板展开时，标题栏左侧会显示一个"–"图标。要切换面板的状态，只需单击标题栏上除右侧以外的任意位置。如图 2.9 所示。

图 2.9 增强型菜单

注：当退出 3ds Max 时，程序会记住所有面板的收拢或展开状态，并在程序重新启动时恢复这些状态。

面板收拢后，可以通过指向面板标题栏来以子菜单的形式打开面板内容。

要以图标、文本或者图标和文本的形式查看顶级菜单（"对象""编辑"等），可在菜单栏的任意位置单击鼠标右键，然后选择相应的命令。当设置为"仅显示图标"时，将鼠标悬停在菜单图标上，会打开一个显示了菜单名称的工具提示。退出程序时，会存储该设置；重新启动程序时，会恢复该设置。

如果 3ds Max 窗口不够宽，不能显示所有菜单标题，则紧靠菜单栏的下方会出现一个滚动条。要访问菜单栏的隐藏部分，只需拖动滚动条或单击左侧和右侧的箭头即可。如图 2.10 所示。

图 2.10　使用滚动条查看菜单栏的隐藏部分

2.2.3　主工具栏

通过主工具栏可以快速访问 3ds Max 中用于执行很多常见任务的工具和对话框。如图 2.11 所示。

图 2.11　主工具栏

提示：如果主工具栏不可见，可从"显示 UI"子菜单中将其打开。

如果主工具栏比 3ds Max 窗口（甚至比计算机屏幕）宽，可以拖动工具栏的灰色区域（如下拉列表下方的灰色区域）来平移工具栏。

主工具栏按钮释义见表 2.1。

表 2.1　主工具栏按钮释义

撤销 / 重做	"选择区域"弹出按钮
选择并链接	窗口 / 交叉选择切换
断开选择	选择并移动
绑定到空间扭曲	选择并旋转
选择过滤器列表	选择并缩放（注：右键单击"移动""旋转"或"缩放"按钮，可打开"变换输入"对话框。）
选择对象	"选择并放置"弹出按钮（注：在"选择并放置"或"选择并旋转"按钮上单击鼠标右键，可打开"放置设置"对话框。）
按名称选择	"对齐"弹出按钮
参考坐标系	切换"场景资源管理器"
使用中心弹出按钮	切换"层资源管理器"
选择并操纵	切换"功能区"
键盘快捷键覆盖切换	曲线编辑器（打开）
2D 捕捉、2.5D 捕捉、3D 捕捉	图解视图（打开）
角度捕捉切换	"材质编辑器"弹出按钮
百分比捕捉切换	渲染设置
微调器捕捉切换	渲染帧窗口
编辑命名选择集	渲染产品
命名选择集	渲染迭代
镜像	ActiveShade
打开 Autodesk A360 库：打开介绍 A360 云渲染的网页	在 Autodesk A360 中渲染

2.2.4 浮动工具栏

3ds Max 中的很多命令均可由各种工具栏上的按钮来实现。默认情况下，仅主工具栏是打开的，停靠在界面的顶部。

默认情况下已隐藏多个附加工具栏，其中包括轴约束、层、附加、渲染快捷方式、笔刷预设和捕捉。要切换工具栏，则右键单击主工具栏的空白区域，然后从列表中选择工具栏的名称。如图 2.12～图 2.21 所示。

可以打开和关闭工具栏，并可以按照需要将它们放置在任何位置。

图 2.12　右键单击主工具栏的空白区域后弹出的列表

图 2.13　"轴约束"工具栏

图 2.14　"附加"工具栏

图 2.15　"层"工具栏

图 2.16　"渲染快捷方式"工具栏

图 2.17　"捕捉"工具栏

图 2.18　"动画层"工具栏

图 2.19　"容器"工具栏

图 2.20　"笔刷预设"工具栏

图 2.21　MassFX 工具栏

2.2.5 功能区

功能区采用工具栏形式，它可以按照水平或垂直方向停靠，也可以按照垂直方向浮动。如图 2.22 所示。

图 2.22　在水平方向最大化功能区（局部视图）

通过单击主工具栏→"切换功能区" 可以打开或关闭功能区显示。

另一种控制功能区显示的方法是选择"自定义"菜单→"显示 UI"→"显示功能区"。

功能区上的第一个选项卡是"建模"选项卡，该选项卡的第一个面板"多边形建模"提供了"修改"面板工具的子集：子对象层级（"顶点""边""边界""多边形""元素"）、堆栈级别、用于子对象选择的预览选项等。可随时通过右键单击菜单，来显示或隐藏任何可用面板。

注：功能区上多数工具的工具提示分为两部分，第一部分包含该工具的简短描述，有时还会列出重要的选项；第二部分（如果有）介绍如何使用该工具（常常附有图解），某些工具还会在此列出辅助选项。

另外，部分工具提示中还嵌入了视频（即 ToolClip），用动画来演示如何使用工具。

2.2.6　四元菜单

右键单击活动视口中除视口标签以外的任意位置，将在鼠标光标所在的位置上显示一个四元菜单。

四元菜单可帮助查找和激活许多命令，而不必在视口和主工具栏或命令面板上的卷展栏之间来回移动。

默认四元菜单右侧的两个区域显示可以在所有对象之间共享的通用命令。左侧的两个区域包含特定上下文的命令，如网格工具和灯光命令。使用上述每个菜单都可以方便地访问命令面板上的各个功能。通过单击区域标题，还可以重复上一个四元菜单命令。

四元菜单的内容取决于所选择的内容，以及在"自定义 UI"对话框的"四元菜单"面板中选择的自定义选项。可以将菜单设置为只显示可用于当前选择的命令，所以，选择不同类型的对象将在区域中显示不同的命令。因此，如果未选择对象，则将隐藏所有特定对象的命令。如果一个区域的所有命令都被隐藏，则不显示该区域。

四元菜单中的一些选项旁边有一个小图标。单击此图标即可打开一个对话框，可以在此设置该命令的参数。如图 2.23 所示。

图 2.23　"多边形"子对象层级中可编辑多边形对象的默认四元菜单

右键单击屏幕上的任意位置或将鼠标光标移离菜单，然后单击鼠标左键，即可关闭菜单。要重新选择最后选中的命令，单击最后菜单项的区域标题即可。显示区域后，选中的最后菜单项将高亮显示。

2.2.7 状态栏控件

状态栏如图 2.24 所示。

图 2.24 状态栏

3ds Max 窗口底部包含一个区域，提供有关场景和活动命令的提示和状态信息。坐标显示区域可以输入变换值，左边的双行界面提供了"MAXScript 侦听器"的快捷键。如图 2.25 和图 2.26 所示。

图 2.25 动画和时间控件

图 2.26 时间滑块和轨迹栏

动画控件详细释义见表 2.2。

表 2.2 动画控件详细释义

图标	释义
自动关键点 设置关键点	自动设置关键点和设置关键点
选定对象	选择列表
新关键点切线	新关键点的默认内/外切线
关键点过滤器…	关键点过滤器
转至开头	转至开头
上一帧	上一帧/上一关键点
播放/停止	播放/停止
下一帧	下一帧/下一关键点
转至结尾	转至结尾
当前帧	当前帧（转到帧）

1. 时间控件

：关键点模式。

：时间配置。

2. 视口导航控件

导航控件取决于活动视口。透视视口、正交视口、摄影机视口和灯光视口都拥有特定的控件。正交视口是指"用户"视口、"顶"视口及"前"视口等。所有视口中可用的"所有视图最大化显示"弹出按钮和"最大化视口"开关都包括在透视和正交视口控件中。如图 2.27～图 2.29 所示。

图 2.27 透视和正交视口控件

图 2.28 摄影机视口控件

图 2.29 灯光视口控件

许多控件都是模式，意味着这些工具可以重复使用。按钮在启用时将高亮显示。要退出该模式，可以按 Esc 键，也可以在视口中单击右键，或选择另一个工具。

2.2.8 命令面板

命令面板由六个用户界面面板组成，使用这些面板可以访问 3ds

Max 的大多数建模功能，还可以使用绑定、动画、显示和实用程序等各种控件。3ds Max 每次只有一个面板可见。要显示不同的面板，单击"命令"面板顶部的选项卡即可。如图 2.30 所示。

图 2.30　命令面板

这些面板如下所示：

"创建"面板。包含用于创建对象的控件，如几何体、摄影机、灯光等。

"修改"面板。包含用于将修改器应用于对象，以及编辑可编辑对象（如网格和面片）的控件。

"层次"面板。包含用于管理层次、关节和反向运动学中链接的控件。

"运动"面板。包含动画控制器和轨迹的控件。

"显示"面板。包含用于隐藏和显示对象的控件，以及其他显示选项。

"实用程序"面板。包含其他工具程序。

※　2.3　基本操作

2.3.1　视口操作

视口操作快捷键：

（1）若要平移视口，在按住鼠标中键的情况下进行拖动。

（2）若要环绕视口，在按住 Alt 键和鼠标中键的情况下进行拖动。

（3）若要缩放视口，可以滚动鼠标滚轮，或同时按住 Alt 键和 Ctrl 键，并使用鼠标中键前后拖动。

每个视口均可设置为显示三向投影视图或透视视图中的任意一种。

1. 三向投影视图

显示了没有透视的场景。模型中的所有线条均相互平行。顶视口、前视口、左视口和正交视口均为三向投影视图。如图 2.31 所示。

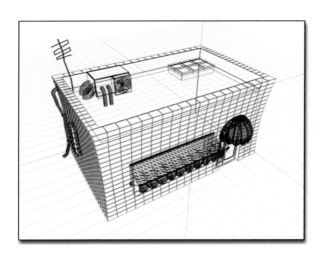

图 2.31　三向投影视图

在视口中，有两种类型的三向投影视图可供使用：正面视图和旋转视图。

正交视图通常是场景的正面视图，例如顶视口、前视口和左视口中显示的视图。可以使用观察点（POV）视口标签菜单、键盘快捷键或者 ViewCube 将视口设置为特定的正交视图。例如，要将活动视口设置成"左"视图，则按 L 钮。

在保持平行投影的同时，为了能以一定的角度查看场景，正交视图也可以旋转。但是，当从某个角度查看场景时，使用透视视图通常效果更好。

2. 透视视图

显示线条水平汇聚的场景。"透视"和"摄像机"视口就是透视视图的示例。如图 2.32 所示。

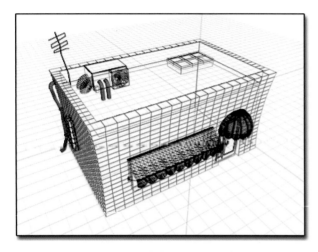

图 2.32　相同模型的透视视图

透视视图与人类视觉最为类似，视图中的对象看上去向远方后退，产生深度和空间感。三向投影视图提供一个没有扭曲的场景视图，以便精确地缩放和放置。一般的工作流程是使用三向投影视图来创建场景，然后使用透视视图来渲染最终输出。

通过按 P 键，可以将任何活动视口更改为这种类似视觉的观察点。

3. 摄像机视图

在场景中创建摄像机对象之后，可以通过按 C 键将活动视口更改为摄像机视图，然后从场景的摄像机列表中进行选择。此外，还可以从透视视口中，通过使用"从视图创建摄像机"命令，直接创建摄像机视图。

摄像机视口会通过选定的摄像机镜头来跟踪视图。在其他视口中移动摄像机（或目标）时，会看到场景也随着移动。这就是摄像机视图较之透视视图的优势，因为透视视图无法随时间设置动画。

如果启用摄像机参数卷展栏上的"正交投影"，那么该摄像机会生成三向投影视图。如图 2.33 所示。

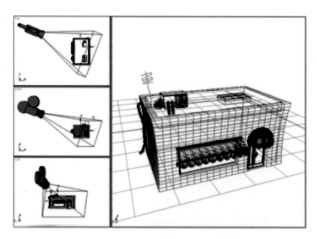

图 2.33　右侧的视口可通过场景中的摄影机看到

4. 灯光视图

灯光视图的工作方式很像目标摄影机视图。首先创建一个聚光灯或平行光，然后为此聚光灯设置活动视口。最方便的办法是按键盘快捷键 $。如图 2.34 所示。

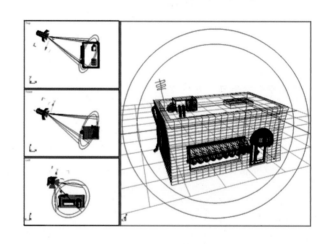

图 2.34　右侧的视口通过场景中聚光灯的镜头进行观察

5. 设置视口布局

3ds Max 默认采用 2×2 的视口布局。还可采用另外 13 种布局，但屏幕上视口的最大数保持 4 个不变。如图 2.35 所示。

使用"视口配置"对话框的"布局"面板，可以从不同的布局中进行拾取，并在每个布局中自定义视口。视口配置将与用户的工作一同保存。

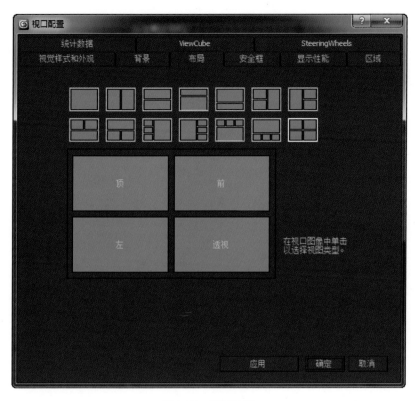

图 2.35　视口布局

6. 调整视口大小

在选择布局后，可以调整视口大小，通过移动分割视口的分隔条，使这些视口拥有不同的比例。仅当显示多个视口时，才可执行此操作。如图 2.36 所示。

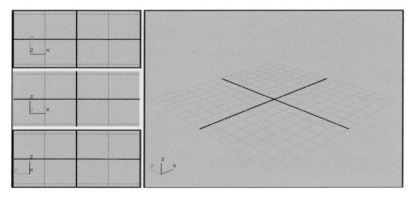

图 2.36　调整大小后的视口

7. 更改视图类型

在工作时，可快速更改任一视口中的视图。例如，可以从前视图切换到后视图。可以使用以下两种方法中的任意一种：菜单或键盘快捷键。

（1）左键单击或右键单击要更改的视口的观察点（POV）视口标签，然后在 POV 视口标签菜单中单击希望采用的视图类型。如图 2.37 所示。

图 2.37　（POV）视口标签

（2）单击希望更改的视口，然后按表 2.3 中的某个键盘快捷键。如图 2.38 所示。

表 2.3　视口快捷键对照

快捷键	视口类型
T	顶视图
B	底视图
F	前视图
L	左视图
C	摄影机视图
P	透视视图
U	正交用户视图

8. 控制视口渲染

可以从多个选项中选择，以显示场景。可将对象显示为简单外框，或使用平滑着色和纹理贴图对其进行渲染。如果需要，可对每个视口选择不同的显示方法。如图 2.38 所示。

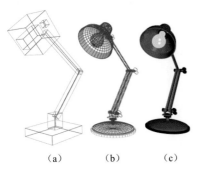

图 2.38　外框显示（a）、线框显示（b）和平滑着色（c）

提示：如果要显示单个对象并将其渲染为线框，那么可以使用"标准"或"光线跟踪"材质，并且将其明暗器设置为"连线"。若要将单个对象显示为外框，则可选择对象，然后在"显示"面板上的"显示属性"卷展栏中选择"显示为外框"。如图 2.39 所示。

图 2.39　"显示属性"卷展栏

9. 使用视口渲染控件

视口渲染选项位于"视口配置"对话框的"明暗处理"视口标签菜单和"渲染方法"面板上。使用这些控件可以设置渲染级别及与该级别相关联的任何选项。视口标签菜单设置只会应用到活动视口，但使用"渲染方法"面板可将设置应用到活动视口、所有视口，或除活动视口之外的所有视口。如图 2.40 所示。

图 2.40　渲染方法面板

选择的渲染级别由所需的实际显示、精度和速度来决定。例如，根据场景复杂度的不同，"边界框"显示级别会比"明暗处理"快得多。渲染级别越逼真，显示速度越慢。

选择渲染级别后，可设置渲染选项。不同的选项适用于不同的渲染级别。

视口渲染对通过单击"渲染场景"生成的最终渲染没有影响。

10. 渲染方法和显示速度

渲染方法不但影响视图显示的质量，还对显示性能有着较深的影响。使用较高的质量渲染级别和逼真选项会降低显示性能。

设置渲染方法后，可选择调节显示性能的附加选项，作为这些控件之一。

11. 使用标准的视图导航

使用位于 3ds Max 窗口右下角的视图导航按钮。除了"摄影机"和"灯光"视图外，所有的视图类型都使用一组标准的视图导航按钮。如图 2.41 所示。

图 2.41　标准的导航控件

视图导航控件详细释义：

　、　单击缩放或缩放所有视图，并且在视口中拖动，以更改视图的放大。"缩放"只能更改活动视图，而"缩放所有视图"可以同时更改所有非摄影机视图。

　如果透视视图为活动视图，也可以单击"视野"（FOV）。更改视野与更改摄影机上的镜头的效果相似。视野越大，场景中可看到的部分越多，且透视图会扭曲，这与使用广角镜头相似。视野越小，场景中可看到的部分越少，且透视图会展平，这与使用长焦镜头类似。

　单击"平移视图"并在视口中拖动，可以平行于视口平面移动视图。任何工具处于活动状态时，也可以通过按住鼠标中键并拖动的方式来平移视口。

　"环绕"控制在任意方向上的旋转。

　使用"环绕子对象"时，视图围绕选定的子对象或对象旋转的同时，选定的子对象或对象会保留在视口中相同的位置。

　选定"动态观察"时，视图围绕选定的对象旋转的同时，选定的对象会保留在视口中相同的位置。如果未选择任何对象，则此功能会还原为标准的"动态观察"功能。

　通过"环绕"，视口边缘附近的对象可以旋转到视图范围以外。

　在透视视口中，可以从"视野"弹出按钮中获得"缩放区域"

模式。

单击"缩放区域"，以在活动视口中拖动出一个矩形区域，并放大该区域，以填充视口。"缩放区域"可用于所有标准视图。

、单击"最大化显示"或者"全部最大化显示"弹出按钮可以将视图的放大并更改位置，同时显示场景中对象的范围。使视图居中于对象并改变放大倍数，以使对象填充视口。

"最大化显示""最大化显示选定对象"按钮缩放活动视口到场景中所有可见或选定对象的范围。

"所有视图最大化显示""所有视图最大化显示选定对象"缩放所有视口，以达到所有对象或当前选择的范围。

12. ViewCube

ViewCube® 3D 导航控件提供了视口当前方向的视觉反馈，它可以调整视图方向及在标准视图与等距视图间进行切换。

ViewCube 显示时，默认情况下会显示在活动视口的右上角；如果处于非活动状态，则会叠加在场景之上。它不会显示在摄影机、灯光、图形视口或者其他类型的视图（如 ActiveShade 或 Schematic）中。当 ViewCube 处于非活动状态时，其主要功能是根据模型的北向显示场景方向。

当将光标置于 ViewCube 上方时，它将变成活动状态。使用鼠标左键，可以切换到一种可用的预设视图中、旋转当前视图或者更换到模型的"主栅格"视图中。单击右键可以打开具有其他选项的上下文菜单。如图 2.42 所示。

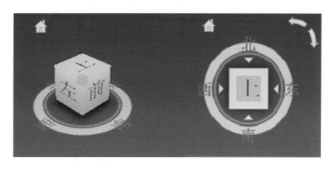

图 2.42　控制 ViewCube 的外观

2.3.2　选择对象

3ds Max 是一种面向对象的程序。这意味着 3D 场景中的每个对象都带有一些关于能通过 3ds Max 执行哪些操作的说明。这些指令随对象类型的不同而异。因为每个对象可以对不同的命令集做出响应，所以可通过先选择对象然后选择命令来应用命令。

1. 确定选择界面

在用户界面中，选择命令或功能显示在以下区域中：

① 主工具栏。

② "编辑"菜单。

③ 四元菜单（选定对象时）。

④ "工具"菜单。

⑤ 轨迹视图。

⑥ "显示"面板。

⑦ "修改"面板。

⑧ 功能区。

⑨ "图解"视图。

⑩ 场景资源管理器。

2. "选择"按钮

主工具栏有多个选择模式工具，见表 2.4。任何工具处于活动状态时，可通过单击这些工具来选择对象。

表 2.4　选择模式工具

	选择对象
	按名称选择
	选择并移动
	选择并旋转
	选择并缩放
	选择并操纵

仅需要进行选择时，可使用这些选择按钮中的"选择对象"；使用其余按钮，可以选择并变换（或操纵）选择；使用变换，可移动、旋转和缩放选择。

从四元（右键单击）菜单的"变换"象限选择"选择模式"工具可能会更快速，从该菜单可以轻松地在"移动""旋转""缩放"和"选择"之间切换。选择任意模式，然后在视口中单击要选择的对象。

3. 按名称选择

选择对象的另外一种快捷方法是使用"按名称选择"命令的键盘快捷键。按键盘上的 H 键打开"从场景选择"对话框，然后在列表中按名称选择对象。当场景中有许多重叠对象时，这是确保选择正确对象的可靠的方式。

4. 交叉选择与窗口选择

同时选择多个对象的一种方法是在它们周围拖动一个区域（如矩形区域）。在按区域选择时，单击主工具栏的"窗口/交叉选择"命令可以在"窗口"和"交叉"模式之间进行切换。在"窗口"模式下，只能对所选内容内的对象进行选择。在"交叉"模式中，可以选择区域内的所有对象，以及与区域边界相交的任何对象。

5. "编辑"菜单命令

"编辑"菜单包含的选择命令可以对对象进行全局操作。

6. 按区域选择

借助于区域选择工具，使用鼠标即可通过轮廓或区域选择一个或多个对象。如图 2.43 所示。

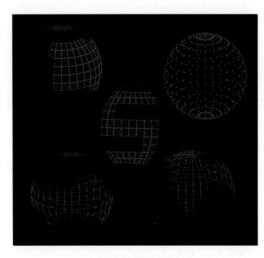

图 2.43　按区域选择

左上：使用矩形区域选择面子对象；
右上：使用圆形区域选择顶点子对象；
中心：使用绘制区域选择面子对象；
左下：使用围栏区域选择边子对象；
右下：使用套索区域选择边子对象

7. 区域选择

默认情况下，拖动鼠标时，创建的是矩形区域；释放鼠标后，区域内和区域触及的所有对象均被选定。本主题还将介绍如何更改相应的每个设置。如图 2.44 所示。

图 2.44　设置区域类型

注：如果在指定区域时按住 Ctrl 键，则影响的对象将被添加到当前选择中；反之，如果在指定区域时按住 Alt 键，则影响的对象将从当前选择中移除。

拖动鼠标时，所定义的区域类型由"按名称选择"按钮右侧的"区域"弹出按钮设置。可以使用五种类型的区域选择之一：

① 矩形区域；
② 圆形区域；
③ 围栏区域；
④ 套索区域；
⑤ 绘制区域。

8. 使用按名称选择

使用"按名称选择"命令打开"从场景选择"对话框，从而无须单击视口便可按对象的指定名称选择对象。

要按名称选择对象，则执行以下操作：

（1）如果"场景资源管理器"尚未停靠在 3ds Max 窗口左侧，则执行下列操作之一：

① 在主工具栏上，单击"按名称选择" 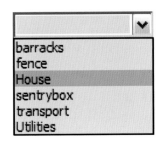 按钮。

② 选择"编辑"菜单→"选择方式"→"名称"。如果使用增强型菜单系统，选择"编辑"菜单→"选择"→"按名称选择"。

③ 按 H 键。

打开"从场景选择"对话框。默认情况下，该对话框列出场景中的所有对象，所有选定的对象会在列表中高亮显示。

（2）使用鼠标高亮显示列表中的一个或多个对象。要选择多个对象，在列表中垂直拖动，或者使用 Ctrl 键添加至选择。

（3）单击"确定"按钮后，对话框自动关闭，并且选定对象。

如果要同时选择一个对象并关闭此对话框，双击对象名称即可。

9. 使用命名选择集

可以为当前选择指定名称，随后通过从列表中选取其名称来重新选择这些对象。如图 2.45 所示。

图 2.45　命名选择集

也可以通过"命名选择集"对话框编辑命名集的内容。

建模和创建场景时，可能要重新排列构成命名选择集的对象。如果执行此操作，则需要对这些集的内容进行编辑。

要为选择集指定名称，则执行以下操作：

（1）使用选择方法的任一组合，选择一个或多个对象或子对象。

（2）单击主工具栏中的"命名选择"字段。

（3）输入命名选择集的名称。该名称可以包含任意标准的 ASCII 字符，其中包括字母、数字、符号、标点和空格。

注：名称区分大小写。

（4）按 Enter 键完成选择集。

此时，可以选择其他对象或子对象组合，并重复上述过程创建其他命名选择集。

要检索命名选择集，则执行以下操作：

（1）在"命名选择"字段中，单击箭头。

注：如果使用的是子对象选择集，则必须位于创建该选择集的同一层级（例如，可编辑网格→顶点）中，才能使其显示在列表中。

（2）在列表中，单击某个名称。

10. 使用选择过滤器

使用主工具栏上的"选择过滤器"列表可以禁用特定类别对象的选择。默认情况下，可以选择所有类别，但通过设置"选择过滤器"，可以仅选择一种类别（例如灯光）。也可以创建过滤器组合，以添加至列表中。如图 2.46 所示。

图 2.46　选择过滤器

为了在处理动画时更易于使用，可以选择过滤器，以便通过该过滤器仅选择骨骼、IK 链中的对象或点。

11. 使用组合

"组合"功能可以将两个或多个类别组合为一个过滤器类别。

要创建组合类别，则执行以下操作：

（1）从下拉列表中选择"组合"，以显示"过滤器组合"对话框，将列出所有单个类别。

（2）选择要组合的类别。

（3）单击"添加"按钮。

组合以各类别首字母缩写的形式显示在右侧列表中。单击"确定"按钮。

例如，如果选择了几何体、灯光和摄影机，则组合的名称为"GLC"。该名称会显示在下拉列表中"组合"的下方。

2.3.3　冻结和解冻对象

可以冻结场景中的任一对象选择。默认情况下，无论是线框模式还是渲染模式，冻结对象都会变成深灰色。这些对象仍保持可见，但无法选择，因此不能直接进行变换或修改。冻结功能可以防止对象被意外编辑，并可以加速重画。如图 2.47 所示。

（a）

（b）

图 2.47　冻结

（a）没有冻结层；（b）垃圾桶和街灯被冻结，并以灰色显示

在视口中，可选择使冻结的对象保留其平常颜色或纹理。使用"对象属性"对话框→"常规"面板→"显示属性"→"以灰色显示冻结对象"切换进行操作。

冻结对象与隐藏对象相似。冻结时，链接对象、实例对象和参考对象会同其解冻时一样表现。冻结的灯光和摄影机及所有相关联视口如正常状态一般继续工作。

可以冻结一个或多个选定对象。这是将对象"暂存"的常用方法。

也可以冻结所有未选定的对象。使用此方法可以只让选定对象处于活动状态，这在杂乱的场景中非常有用。例如，在该场景中希望确保其他任何对象不受影响。

注意：可以解冻冻结层上的对象。如果试图解冻冻结层上的对象（"全部解冻"或"按名称解冻"），会提示（默认情况下）要解冻的对象层。

要访问"冻结"选项，则选择一个或多个对象，然后执行下列操作之一：

（1）打开场景资源管理器，然后使用"冻结"列中的复选框冻结和解冻对象。

（2）打开"显示"面板，然后展开"冻结"卷展栏。如图 2.48 所示。

图 2.48　"冻结"卷展栏

（3）选择"工具"菜单→"显示浮动框"（增强菜单："编辑"菜单→"对象属性"→"管理对象显示"）。此无模式对话框具有与"冻结"卷展栏相同的选项，它还包括"隐藏"选项。如图 2.49 所示。

图 2.49　显示浮动框

（4）通过右键单击四元菜单或"编辑"菜单访问"对象属性"对话框。启用"隐藏"和 / 或"冻结"。如图 2.50 所示。

图 2.50　四元菜单显示组

（5）在"层管理器"中，单击"冻结"列以冻结 / 解冻该列表中的每个层。

（6）右键单击活动视口，然后从四元菜单"显示"区域选择"冻结"或"解冻"命令。

2.3.4　隐藏和取消隐藏对象

1. 按选择隐藏和取消隐藏对象

可以隐藏场景中的任一单个对象选择。这些对象将从视图中消失，使选择其余对象更加容易。隐藏对象还可以加速刷新画面。然后可以同时取消隐藏所有对象，或按单个对象名称取消隐藏所有对象。也可以按类别过滤这些列表内容，以便只列出特定类型的隐藏对象。如图 2.51 和图 2.52 所示。

注：隐藏灯光源并不会改变其效果，它仍对场景进行照明。

图 2.51　原始场景

图 2.52　隐藏了床的场景

隐藏对象与冻结对象相似。隐藏时，链接对象、实例对象和参考对象会如同其取消隐藏时一样表现。隐藏的灯光和摄影机及所有相关联视口如正常状态一般继续工作。

（1）隐藏对象。隐藏对象与冻结对象相似。可以隐藏一个或多个选定对象，也可以隐藏所有未选定的对象。如图 2.53 所示。

图 2.53　"隐藏"卷展栏

（2）取消隐藏对象。可以使用以下任一方法取消隐藏对象：

① 使用"全部取消隐藏"可同时取消隐藏所有对象。

② 使用"全部打开"可同时显示所有对象。

使用"按名称取消隐藏"可有选择地取消隐藏对象。单击"按名称取消隐藏"时，会显示与隐藏时相同的对话框，此时称为"取消隐藏对象"。

当场景中没有隐藏对象时，"取消隐藏"按钮不可用。

先按选择隐藏后按类别隐藏的对象将不会重新出现。虽然以选择级别取消隐藏这些对象，但它们仍以类别级别隐藏。

注意：不能取消隐藏位于隐藏层上的对象。如果试图取消隐藏位于隐藏层上的对象（使用"全部取消隐藏"或"按名称取消隐藏"），会提示（默认情况下）要取消隐藏的对象层。

2. 按类别隐藏和取消隐藏对象

可以按类别（对象的基本类型）隐藏对象。例如，可以同时隐藏场景中的所有灯光、所有图形或任意类别组合。隐藏所有类别后，场景看起来是空的。隐藏的对象虽然不显示，但仍继续作为场景中几何体的一部分存在，只是无法对其进行选择。如图 2.54 所示。

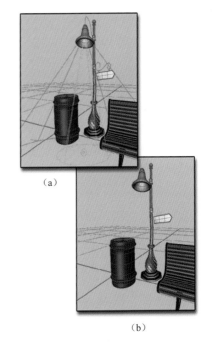

（a）

（b）

图 2.54　按类别隐藏和取消隐藏对象
（a）显示所有对象；（b）隐藏了灯光和图形

要隐藏对象类别，请执行以下操作：

（1）打开"显示"面板。

（2）如有必要，单击"按类别隐藏"展开卷展栏。默认情况下，该卷展栏上的所有类别都处于禁用状态（未隐藏）。如图 2.55 所示。

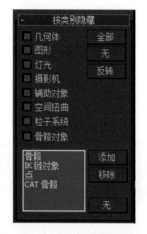

图 2.55　"按类别隐藏"卷展栏

（3）选择要隐藏的类别。进行选择后，该类别的所有对象都将立即从场景中消失。

相同的"按类别隐藏"选项将显示在"显示浮动框"的"对象层级"面板中（标准菜单："工具"菜单→"显示浮动框"；增强型菜单："编辑"菜单→"对象属性"→"管理对象显示"）。

要取消隐藏对象类别，只需取消选择类别。

此类别中的所有对象都将重新显示，除非已经按选择隐藏了某些对象。

2.3.5　移动、旋转和缩放对象

要更改对象的位置、方向或比例，可单击主工具栏上的三个变换按钮之一，或从快捷菜单中选择变换。使用鼠标、状态栏的坐标显示字段、输入对话框或上述任意组合，可以将变换应用到选定对象。如图 2.56 所示。

图 2.56　工具栏上的三个变换按钮

1. 缩放和尺寸

如果缩放了对象，之后在"修改"面板中检查其基础参数，会看到该对象缩放前的尺寸。基础对象的存在与场景中可见的缩放对象无关。

可以使用测量工具来测量已缩放或由修改器更改的对象的当前尺寸。

2. 使用变换 Gizmo

变换 Gizmo 是视口图标，当使用鼠标变换选择时，使用它可以快速选择一个轴或轴组合。

选择对象，在主工具栏单击任一变换按钮，以显示对象的变换 Gizmo 图标。

当选定一个或多个对象，并且主工具栏上的任一变换按钮（"选择并移动""选择并旋转"或"选择并缩放"）处于活动状态时，会显示变换 Gizmo。每种变换类型使用不同的 Gizmo。默认情况下，每个轴从三种颜色（X 轴为红色、Y 轴为绿色、Z 轴为蓝色）中指定一种颜色。移动 Gizmo 的内角点包含平面控制柄，使用相关轴的两种颜色指定其边，例如，XZ 平面控制柄的边为红色和蓝色。缩放 Gizmo 的中心区域用于均匀缩放，由三个平面控制柄围绕。如图 2.57 所示。

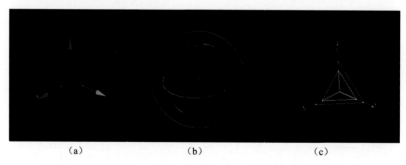

图 2.57　移动 Gizmo（a）、旋转 Gizmo（b）、缩放 Gizmo（c）

首先将鼠标定位在图标的任一轴上，然后拖动鼠标沿该轴变换选择，从而选择轴。移动对象时，可以在使用平面控制柄的同时沿任意两条轴执行变换。除了同时沿两个轴进行缩放的平面控制柄之外，缩放 Gizmo 的中心区域还在中心提供了均匀缩放控制柄。使用 Gizmo 无须先在"轴约束"工具栏上指定一个或多个变换轴，其可以在不同变换轴和平面之间快速而轻松地进行切换。

将鼠标放在任意轴上时，其变为黄色，表示处于活动状态。类似地，将鼠标放在一个平面控制柄上，两个相关轴将变为黄色，此时可以沿着所指示的一个或多个轴拖动选择。这样做可以更改"轴约束"工具栏"限制

到…"设置。此时可以拖动到对象上的任何区域,并且轴约束保持活动状态。对于所有对象的该变换,轴约束都处于活动状态,即使切换到另一个变换,然后再次回到该变换也是如此。

提示:如果看不到变换 Gizmo,则使用"视图"菜单的"显示变换 Gizmo"命令。

（1）按下 −（连字符）可以收缩变换 Gizmo。

（2）按 =（等号）可以放大变换 Gizmo。

3. 三轴架

当未激活变换工具,且已选择一个或者多个对象时,三轴架会出现在视口中。如图 2.58 所示。

图 2.59　选定了 YZ 平面的移动 Gizmo

通过拖动中心框,可以将平移限制到视口面板。要禁用这个可选控件,则禁用"Gizmo 首选项"中的"在屏幕空间内移动"。

5. 旋转 Gizmo

旋转 Gizmo 是根据虚拟轨迹球的概念而构建的。可以围绕 X、Y 或 Z 轴或垂直于视口的轴自由旋转对象。如图 2.60 所示。

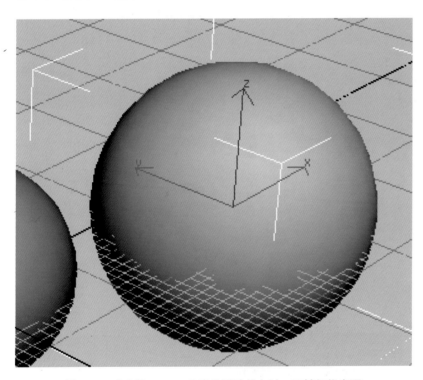

图 2.58　当变换 Gizmo 处于非活动状态时,三轴架将出现

每个三轴架由标记为 X、Y 和 Z 的三条线组成,并显示了以下三项内容:

（1）三轴架的方向显示了当前参考坐标系的方向。

（2）三条轴线的交叉点位置显示了变换中心的位置。

（3）高亮显示的红色轴线显示了当前的轴约束。

4. 移动 Gizmo

移动 Gizmo 包括平面控制柄,以及使用中心框控制柄的选项。

可以选择任一轴控制柄将移动约束到此轴,还可以使用平面控制柄将移动约束到 XY、YZ 或 XZ 平面。如图 2.59 所示。选择聚光区位于由平面控制柄形成的方形区域内。

可以在"首选项"对话框的"Gizmo 首选项"面板上更改控制柄的大小与偏移及其他设置。

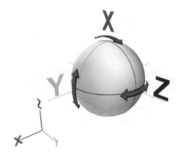

图 2.60　旋转 Gizmo

轴控制柄是围绕轨迹球的圆圈。在任一轴控制柄的任意位置拖动鼠标,可以围绕该轴旋转对象。当围绕 X、Y 或 Z 轴旋转时,一个透明切片会以直观的方式说明旋转方向和旋转量。如果旋转大于360°,则该切片会重叠,并且着色会变得越来越不透明。3ds Max 还显示数字数据,以表示精确的旋转度量。如图 2.61 所示。

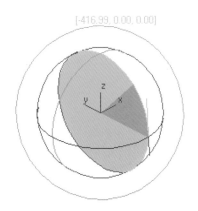

[-416.99, 0.00, 0.00]

图 2.61　旋转 Gizmo 透明切片

除了 **XYZ** 轴的旋转外，还可以使用自由旋转或视口控制柄来旋转对象。

在旋转 Gizmo 内（或 Gizmo 的外边）拖动，可执行自由旋转。旋转操作的执行应该就像实际旋转轨迹球一样。

围绕旋转 Gizmo 的最外一层是"屏幕"控制柄，使用它可以在平行于视口的平面上旋转对象。

可以在"首选项"对话框的"Gizmo 首选项"面板上调整"旋转 Gizmo"的设置。

6. 缩放 Gizmo

缩放 Gizmo 包括平面控制柄，以及通过 Gizmo 自身拉伸的缩放反馈。

使用平面控制柄可以执行"均匀"和"非均匀"缩放，而无须在主工具栏上更改选择：

（1）要执行"均匀"缩放，则在 Gizmo 中心处拖动。如图 2.62 所示。

图 2.62　选定了"均匀"缩放的
变换 **Gizmo**

（2）要执行"非均匀"缩放，则在一个轴上拖动或拖动平面控制柄。如图 2.63 所示。

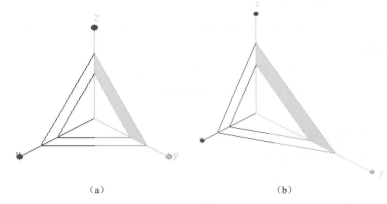

（a）　　　　　　　　　（b）

图 2.63　缩放 Gizmo

（a）选定了 YZ 平面控制柄的缩放 Gizmo；（b）在 YZ 平面上进行的"非均匀"缩放

（3）要执行"挤压"操作，必须选择主工具栏上的"选择并挤压"命令。

缩放 Gizmo 通过更改其大小和形状提供反馈。在执行均匀缩放操作时，Gizmo 将随着鼠标的移动而增大或缩小，在非均匀缩放时，Gizmo 在拖动的同时将拉伸和变形。但是，释放鼠标按钮后，Gizmo 将恢复为其原始大小和形状。

可以在"首选项"对话框的"Gizmo 首选项"面板上调整"缩放 Gizmo"的设置。

7. 启用 / 禁用变换 Gizmo

单击"自定义"菜单→"首选项"→"Gizmos 首选项"→"启用"复选框。如图 2.64 所示。

图 2.64　"Gizmos 首选项"

注：如果在"Gizmo 首选项"中禁用变换 Gizmo，则将显示标准三轴架。要切换显示 Gizmo 或三轴架，则使用"视图"菜单→"显示变换 Gizmo"。（如果使用增强的菜单，则使用"场景"→"配置视图"→"显示变换 Gizmo"命令。）

对于"首选项"对话框的"Gizmos 首选项"面板中的每个 Gizmo，都有附加控件。

8. 变换输入

"变换输入"是可以输入选定对象的移动、旋转和缩放变换的精确值的对话框。对于可以显示三轴架或变换 Gizmo 的所有对象，都可以使用"变换输入"。

（1）单击状态栏→"变换输入" X: -94.758 Y: 44.236 Z: 300.474。

（2）单击主工具栏，右键单击 （选择并移动）、 （选择并旋转）或一个 （选择并缩放）按钮。

（3）标准菜单：单击"编辑"菜单→"变换输入"。

（4）增强型菜单：单击"编辑"菜单→"变换"→"变换输入"。

（5）按键盘上的 F12 键。

使用状态栏上的"变换输入"框，在该框中输入适当的值，然后按 Enter 键应用变换。单击变换框左侧的"相对/绝对变换输入"按钮 ，可以在输入绝对变换值或偏移值之间进行切换。

如果以子对象级别使用"变换输入"，将变换子对象选择的变换 Gizmo。例如，绝对位置值代表变换 Gizmo 的绝对世界位置。如果已选定一个顶点，它就是该顶点的绝对世界位置。

如果选定了多个顶点，则变换 Gizmo 将置于该选择的中心，因此，

在"变换输入"中指定的位置设置了选定顶点中心的绝对位置。

如果在"局部"变换模式下选定了多个顶点，将以多个变换 Gizmo 结束。在这种情况下，只有"偏移"控件可用。

由于三轴架不能缩放，因此，在子对象层级下"绝对缩放"控件不可用，只有"偏移"可用。

如果为"绝对"旋转使用"变换输入"，则需要考虑"中心"弹出按钮的状态。可以围绕对象轴点、选择中心或变换坐标中心进行绝对旋转。

9. 对子对象选择使用输入

可以对选中的任何子对象或 Gizmo 使用"变换输入"。变换会影响选择的三轴架。

"绝对"和"偏移"变换的世界坐标是对象或子对象的坐标系坐标，其原点由三轴架指示。如果选择了多个顶点，则三轴架位于选择的中心，其位置将以世界坐标给定。

由于三轴架不能缩放，因此处于子对象级别时，"绝对缩放"字段不可用。

禁用此选项后，3ds Max 会将输入的 X、Y 和 Z 字段中的值视为绝对值。启用此选项后，3ds Max 会将输入的变换值视为相对于当前值，即视为偏移值。默认设置为禁用状态。如图 2.65 所示。

（1）"绝对"组 X、Y 和 Z。

显示并接受位置、旋转和缩放沿每个轴的绝对值输入。位置和旋转通常以世界单位显示，但也有可能根据活动的参考坐标系而变化。缩放始终以局部单位显示。

（2）"偏移"组 X、Y 和 Z。

显示并接受位置、旋转和缩放值沿每个轴的偏移输入。

每次操作后，显示的偏移值还原为 0.0。例如，如果在"旋转偏移"字段中输入 45 度，当按 Enter 键后，3ds Max 会将对象从上一个位置旋转 45 度，将"绝对值"字段值增加 45 度，并将"偏移"字段重置为 0.0。

"偏移"标签反映了活动的参考坐标系。"偏移"可以是"偏移：局部""偏移：父对象"等。如果利用"拾取"选择特定对象的参考坐标系，则将用该对象命名"偏移"。

10. 变换管理器

3ds Max 提供了三种控件，统称为变换管理器，用于修改变换工具的操作。

变换管理器控件如下：

（1）参考坐标系下拉列表，其控制变换轴的方向，位于主工具栏上"移动""旋转"和"缩放"变换按钮的右侧。如图 2.66 所示。

图 2.65 "移动变换输入"对话框

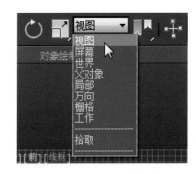

图 2.66 参考坐标系下拉列表

（2）"变换中心"弹出按钮，其控制 3ds Max 围绕哪个中心应用变换，位于"参考坐标系"下拉列表的右侧。如图 2.67 所示。

图 2.67 "变换中心"弹出按钮

（3）"轴约束"设置能够将变换限制到一个轴或两个轴（即一个平面）。轴约束工具位于"轴约束"工具栏上，默认情况下处于禁用状态。通过右键单击主工具栏上的空白区域并从菜单中选择"轴约束"，可以打开此工具栏。如图 2.68 所示。

图 2.68 "轴约束"按钮

2.3.6 创建和修改基本体对象

1. 使用"创建"面板

"创建"面板提供用于创建对象和调整其参数的控件。

（1）单击命令面板上的 ⬥。

（2）单击对象类型，可显示其"参数"卷展栏。

"创建"面板中的控件取决于所创建的对象种类。然而，某些控件始终显示，几乎所有对象类型都共享另外一些控件。如图 2.69 所示。

图 2.69 "创建"面板界面

2. 类别

位于该面板顶部的按钮可访问七个对象的主要类别。几何体 ⬤ 是默认类别。

3. 子类别

几何基本体是 3ds Max 提供作为参数化对象的基本形状。

面板上有一个列表， 用于选择子类别。例如，"几何体"下面的子类别包括"标准基本体""扩展基本体""复合对象""粒子系统""面片栅格"和"NURBS曲面"。

4. 对象类型

一个卷展栏 ， 包含用于创建特殊子类别中对象的按钮及"自动栅格"复选框。

5. 名称和颜色

"名称"显示自动指定的对象名称。既可以编辑此名称，也可以用其他名称来替换它（不同的对象可以同名，但是不建议这样）。单击方形色样可显示"对象颜色"对话框，可以更改对象在视口中显示的颜色（线框颜色）。如图 2.70 所示。

1. 定义的半径　　2. 定义的高度

3. 增加的边　　4. 增加的高度分段

图 2.70 创建对象：标准基本体或扩展基本体

创建和修改基本体对象的操作如下。

1. 创建对象的操作

（1）将光标放在想要放置对象的任何视口中的点处，按下鼠标按钮（并不释放该按钮）。

（2）拖动鼠标，以定义对象的第一个参数。例如，圆柱体的圆形底座。

（3）释放鼠标按钮。释放后便设置了第一个参数。

创建完球体、茶壶和平面等后，就完成了对象的创建。可以跳过其余步骤。

（4）前后移动鼠标，但不接触

鼠标按钮，这样将设置下一个参数。例如，圆柱体的高度。

如果想取消，则在完成下一步后，才可以使用右键单击取消创建过程。

当第二个参数具有想要的值时，单击即可，依此类推。

按下或释放鼠标按钮的次数取决于需要定义的对象空间尺寸数。（对于某些类型对象，如直线和骨骼，该数量是可修整的。）

提示：在创建多步对象（在两次单击之间）时，可以以交互方式（平移、旋转、缩放）导航视口。完成该对象后，该对象处于选定状态并且便于调整。

2. 命名对象的操作

3ds Max 会根据基本体类型和创建顺序，为每个新对象指定一个默认名称。例如：Box001、Sphere030。

若要重命名对象，则高亮显示"名称和颜色"卷展栏中的对象名称，然后输入一个名称。此选项只在选中一个对象之后才可用。

命名对象对于组织场景来说是一个好习惯。要命名一组选定对象，可使用命名选择集。

3. 更改对象的显示颜色的操作（可选）

对象名称字段旁边的色样显示选定对象的颜色，并且可以选择一个新颜色。该颜色是用于显示视口中对象的颜色。单击色样可显示"对象颜色"对话框。

也可以使用层来更改对象颜色。

4. 调整对象的参数的操作

完成对象后，当仍然选中该对象时，可以立即更改创建参数。也可以随后选择该对象，并在"修改"面板上调整其创建参数。

5. 完成创建过程的操作

当对象类型按钮仍然处于活动状态时，可以继续创建相同类型的对象，直到执行以下操作之一：

（1）选择一个对象，而不是最近创建的对象。

（2）变换对象。

（3）更改为另一个命令面板。

（4）使用命令而不使用视口导航或时间滑块。

提示：终止创建过程后，在"创建"面板上更改参数将对对象无效，必须转到"修改"面板调整对象的参数。

6. 查看和更改法线

在创建对象时，将自动生成法线。使用这些默认发现通常可以正确渲染对象。然而，有时需要调整法线。如图 2.71 所示。

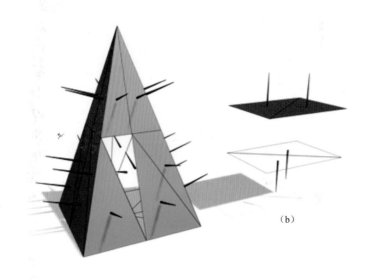

（a）

图 2.71　查看和更改法线

（a）显示为钉子形的法线表示四棱锥上面的方向；（b）翻转法线可以使面在明暗处理视口和渲染中不可见（或可见）

7. 查看法线

查看法线最简单的方法是在着色视口中观看对象。在这种情况下，看到的并不是法线箭头本身，而是它们在着色曲面上的效果。如果对象外观为内部外翻或拥有孔洞，则一些法线可能指向错误方向。

通过在可编辑网格对象或"编辑网格"修改器的"选择"卷展栏上启用"显示法线"，可以显示选定面或顶点的法线矢量。

8. 统一法线

使用"统一法线"可使法线指向统一方向。如果对象拥有不统一的法线（一些指向外，一些指向内），则对象将显示为在表面具有孔洞。

"统一法线"位于"曲面属性"卷展栏和"法线"修改器上。

如果正在设置复杂对象创建的动画（如嵌套的"布尔"或阁楼），并且认为这样的操作可能导致不一致的法线，那么将法线修改器应用到结果上并启用"统一法线"。

9. 翻转法线

使用"翻转法线"可以翻转所有选定面的方向。翻转对象的法线可以使其内部外翻。

"翻转法线"位于"曲面属性"卷展栏和"法线"修改器上。

10. 查看和更改平滑

平滑组定义了是否使用边缘清晰或平滑的曲面渲染曲面。如图2.72所示。

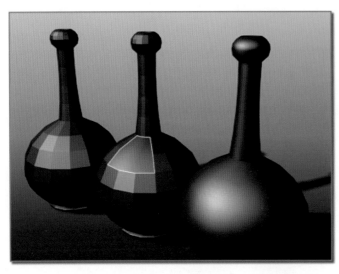

图 2.72 平滑（一）

左：瓶子不平滑；中：平滑仅指定给高亮显示的曲面组；右：使用了三种不同的
平滑组对瓶子执行平滑操作：瓶身、瓶颈和顶边

平滑可以在面与面的边界混合着色，以产生平滑曲面的外观。可以控制将平滑应用于曲面的方式，这样对象就可以在适当的位置既有平滑曲面，又有尖锐面状边缘。如图 2.73 所示。

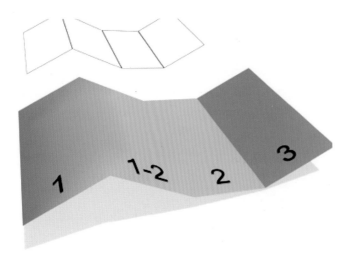

图 2.73 平滑（二）

标记为"1-2"的面与相邻面共享平滑组，所以在渲染时，它们之间的边是平滑的；
标记为"3"的面不共享平滑组，所以它的边在渲染时是可见的

平滑不会影响几何体，它只会影响几何体在渲染时着色的方式。

平滑由平滑组控制，平滑组的数值范围是 1 ～ 32。可将每个面指定给一个或多个平滑组。渲染场景时，渲染器会检查每对相邻的面，检查它们是否共享一个平滑组，然后按照以下方式渲染对象：

（1）如果面之间没有共用的平滑组，那么用它们之间的锐化边缘渲染面。

（2）如果面之间至少有一个共用的平滑组，那么面之间的边就"平滑"了，这意味着它着色的方法是面相交的区域以平滑显示。

（3）因为每个面有三个边，所以对任何面只可能有三个平滑组有效。指定给面的多余平滑组会被忽略。

11. "查看平滑"组

查看平滑最简单的方法是在着色视口中查看对象。在这种情况下，看到的并不是平滑组本身，而是它们在着色曲面上的效果。

可以看到可编辑网格对象或"编辑网格"修改器的选定面的平滑组号，方法是在"曲面属性"卷展栏上单击"平滑组"按钮，或者在可编辑多边形对象的多边形子层级下的"多边形：平滑组"卷展栏上单击可编辑多边形对象的平滑组。如图 2.74 所示。

图 2.74 "多边形：平滑组"卷展栏

12. 自动平滑对象

单击"自动平滑"，可以自动指定平滑。通过设置"阈值"，可以决定是否平滑相邻的面。

① 如果面法线之间的角小于或等于阈值，那么这些面就指定到一个共用的平滑组。

② 如果面法线之间的角大于阈值，那么这些面会指定到各个组。

"自动平滑"位于"曲面属性"卷展栏和"平滑"修改器上。

13."手动应用平滑"组

可以手动将平滑组指定到选择的面上，方法是在"曲面属性"卷展栏或"平滑"修改器上单击"平滑组"按钮。单击的每个平滑组按钮都会指定到选择的面上。

14. 按平滑组选择面

还可以根据指定的平滑组来选择面。在"曲面属性"卷展栏（可编辑网格）或"多边形属性"卷展栏（可编辑多边形）上单击"按平滑组选择"，然后单击要选择面的平滑组。

使用这种方法，可以很方便地检查其他人所创建对象上的平滑组。

2.3.7　修改器

使用修改器可以塑形和编辑对象，它们可以更改对象的几何形状及其属性。如图 2.75 所示。

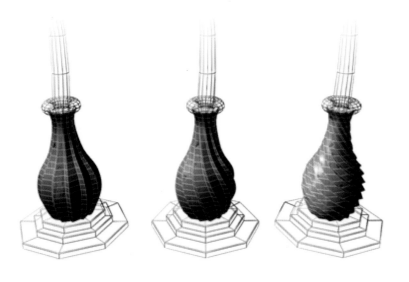

图 2.75　在对象上使用扭曲修改器的效果

应用于对象的修改器将存储在堆栈中。通过在堆栈中上下导航，可以更改修改器的效果，或者将其从对象中移除。或者选择"塌陷"堆栈，使更改一直生效。

关于使用堆栈，还有其他的常规情况需要知道：

① 可以将无穷数目的修改器应用到对象或部分对象上。

② 当删除修改器时，对象的所有更改都将消失。

③ 可以使用修改器堆栈显示中的控件，将修改器移动和复制到其他对象上。

④ 添加修改器的顺序或步骤是很重要的。每个修改器会影响它之后的修改器。例如，先添加"弯曲"修改器再添加"锥化"修改器，它的结果可能会与先添加"锥化"修改器，后添加"弯曲"修改器完全不同。

使用"修改"面板，执行以下操作：

（1）在场景中选择对象。

（2）单击"修改"选项卡可显示"修改"面板。

选定对象的名称会出现在"修改"面板的顶部，更改字段以匹配该对象。

对象的创建参数显示在"修改"面板的卷展栏中，位于修改器堆栈显示的下方。可以使用这些卷展栏来更改对象的创建参数。更改它们时，对象将在视口中更新。

（3）将修改器应用于对象（在下一步骤中介绍）。

应用完修改器之后，它会变为活动状态，修改器堆栈显示设置下面的卷展栏会指定到活动的修改器。

要将修改器应用于对象，执行以下操作：

1）选择对象。

2）执行下列操作之一：

① 从"修改器列表"中选择修改器。"修改器列表"是"修改"面板顶部的下拉列表。

提示：可以使用鼠标或键盘从

"修改器列表"中选择修改器。要使用键盘，首先利用鼠标打开列表，然后输入修改器名称的第一个字母。在此可以使用箭头键或下段所述的方法来高亮显示所需的修改器，然后按 Enter 键来指定修改器。

② 从"修改器"菜单中选择修改器。此菜单按功能组织为集合。

并不是所有修改器都出现在"修改器"菜单上。

③ 如果"修改"面板上的修改器按钮可见，并且该修改器符合要求，则单击该按钮。

如果按钮不可见，但是需要使用它们，那么单击修改器堆栈显示区域下面的"配置修改器集" 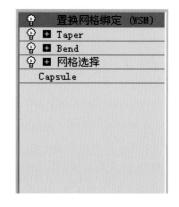，然后在菜单中选择"显示按钮"选项。在修改器列表和堆栈显示之间，会出现一组按钮，上面有修改器的名称。再单击"配置修改器集"，选择要使用的修改器集合（例如，"自由形式变形"），然后单击要应用的修改器按钮。

现在，卷展栏出现在修改器堆栈显示的下面，显示出修改器的设置。更改这些设置时，对象将在视口中更新。

要将修改器拖动到对象上，则执行以下操作：

① 如果对象上已经有修改器，想要将它使用到另一个对象上，则先选择有修改器的对象。

② 要在不进行实例处理的情况下复制修改器，则将修改器的名称从堆栈显示拖动到视口中想要使用相同修改器的对象上。要移动修改器，在按住 Shift 键的同时进行拖动，这样可以将其从原始对象中移除及将其应用于新对象。要对修改器进行实例化，在按住 Ctrl 键的同时进行拖动，这样可创建同时适用于原始对象和新对象的实例化修改器。

注：实例化修改器会使其名称在修改器堆栈中以斜体显示。这表示修改器已实例化，即更改一个对象的修改器参数将影响另一个修改器参数。

1. 使用堆栈的基础知识

堆栈的功能是不需要做永久修改。单击堆栈中的项目，就可以返回到进行修改的那个点。然后可以重做决定，暂时禁用修改器，或者删除修改器，完全丢弃它。也可以在堆栈中的该点插入新的修改器。所做的更改会沿着堆栈向上摆动，更改对象的当前状态。

2. 使用"修改器堆栈"

"修改器堆栈"（或简写为"堆栈"）是"修改"面板上的列表。它包含之前对该对象所添加的修改器的历史记录，上面有选定的对象，以及应用于它的所有修改器。

"修改器堆栈"及其编辑对话框是管理所有修改方面的关键。使用这些工具可以执行以下操作：

（1）找到特定修改器，并调整其参数。

（2）查看和操纵修改器的顺序。

（3）在对象或对象集合之间对修改器进行复制、剪切和粘贴。

（4）在堆栈、视口显示，或两者中取消激活修改器的效果。

（5）选择修改器的组件，例如 Gizmo 或中心。

（6）删除修改器。

（7）在堆栈的底部，第一个条目始终列出对象的类型（如图 2.76 所示，在这个例子中，是"胶囊"）。单击此条目即可显示原始对象创建参数，以便对其进行调整。如果还没应用过修改器，那么这就是堆栈中唯一的条目。

图 2.76　胶囊对象的堆栈项
（扩展基本体）

（8）在对象类型之上，会显示对象空间修改器。单击修改器条目即可显示修改器的参数，可以对其进行调整，或者删除修改器。

如果修改器有子对象（或子修改器）级别，那么它们前面会有加号或减号图标。

（9）在堆栈顶部，是绑定到对象的世界空间修改器和空间扭曲。这些总会在顶部显示，称作"绑定"。（在图 2.76 中，"置换网格绑定（WSM）"是世界空间修改器。）

3. 添加多个修改器

可以向对象应用任意数目的修改器，包括重复应用同一个修改器。当开始向对象应用对象修改器时，修改器会以应用它们时的顺序"入栈"。第一个修改器会出现在堆栈底部，紧挨着的对象类型出现在它的上方。

（1）3ds Max 会将新的修改器插入到堆栈中当前选择的上面，紧挨着当前选择，但是总是会在合适的位置。如果试图在两个对象空间修改器之间插入一个世界空间修改器，那么 3ds Max 会自动将它放在堆栈顶部。

（2）当在堆栈中选择了对象类型，并应用了新的对象空间修改器之后，它会紧挨着上一个对象类型，出现在列表顶端，成为第一个要计算的修改器。

4. 堆栈顺序的效果

3ds Max 会以修改器的堆栈顺序应用它们（从底部开始向上执行，变化一直积累），所以修改器在堆栈中的位置是很关键的。

图 2.77 显示的是堆栈中的两个修改器，如果执行顺序颠倒过来，那么对象会有什么变化？图 2.77（a）所示的管道，先应用了一个"锥化"修改器，后应用了一个"弯曲"修改器；图 2.77（b）所示的管道，先应用的是"弯曲"。

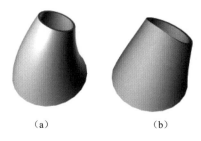

（a）　　　　　（b）

图 2.77　颠倒堆栈中两个修改器的顺序之后，产生的结果

5. 使用按钮

以下这些按钮（位于修改器堆栈下面）可用来管理堆栈：

锁定堆栈 ：将堆栈和"修改"面板上的所有控件锁定到选定对象的堆栈。即使选择了视口中的另一个对象后，也可以继续对锁定堆栈的对象进行编辑。

显示最终结果 ：启用此选项后，会在选定的对象上显示整个堆栈的效果。禁用此选项后，会仅显示到当前选择修改器及其之前的堆栈效果。

使唯一 ：使实例化对象唯一，或者使实例化修改器对于选定

的对象唯一。详细信息请参见编辑堆栈。该选项位于修改器堆栈右键菜单中。

移除修改器 ：从堆栈中删除当前的修改器，从而消除由该修改器引起的所有更改。

配置修改器集 ：单击将显示一个弹出菜单，通过该菜单可以设置如何在"修改"面板中显示和选择修改器。

2.3.8　创建副本、实例和参考

使用 3ds Max，可以在变换操作期间快速创建一个或多个选定对象的多个版本。

（1）要创建副本、实例或参考，则在移动、旋转或缩放选择时按住 Shift 键。

（2）复制对象的通用术语为克隆。本节介绍用于克隆对象的方法。

（3）除了按住 Shift 键进行变换这一方法之外，镜像工具和各种阵列工具也可以克隆对象。如图 2.78 所示。

图 2.78　克隆选项

1. 副本、实例和参考的概述

要复制对象，可使用下面三种方法之一。对于这三种方法，原始

对象和克隆对象在几何体层级是相同的。这些方法的区别在于处理修改器（例如，"混合"或"扭曲"）时所采用的方式。

对象可以是其他对象的副本。

复制方法：创建一个与原始对象完全无关的克隆对象。修改一个对象时，不会对另外一个对象产生影响。

实例方法：创建原始对象的完全可交互克隆对象。修改实例对象与修改原对象的效果完全相同。

参考方法：克隆对象时，创建与原始对象有关的克隆对象。参考对象之前更改对该对象应用的修改器的参数时，将会更改这两个对象。但是，新修改器可以应用于参考对象之一，因此，它只会影响应用该修改器的对象。

2. 副本

副本是最常见的克隆对象。复制对象时，将会创建新的独立主对象和删除新的命名对象的数据流。该副本将会在复制时复制原始对象的所有数据。它与原始对象之间没有关系。

使用复制对象的示例：如果已为基本的建筑物形状建模并想要创建一组样式各异的建筑物，那么可以制作基本形状的副本，然后在每个建筑物上为不同的特征建模，从而将它们彼此区分开来。

3. 实例

实例不仅在几何体中相同，在其他用法上也相同。实例化对象时，将会根据单个主对象生成多个命名对象。每个命名对象实例拥有自身的变换组、空间扭曲绑定和对象属性。但是，它与其他实例共享对象修改器和主对象。实例的数据流正好在计算对象修改器之后出现

分支。

例如，通过应用或调整修改器更改一个实例之后，所有其他的实例也会随之改变。

在 3ds Max 中，实例源自同一个主对象。"在场景后面"执行的操作是将单个修改器应用于单个主对象。在视口中所看到的多个对象是具有同一定义的多个实例。

使用实例化对象的示例：如果要创建一群游动的鱼，开始时可以制作单条鱼的多个实例副本。然后将涟漪修改器应用到这群鱼的任何一条上，为这群鱼生成游动动画效果。这样，整群鱼都具有相同的游动效果。

4. 参考

参考基于原始对象，就像实例一样，但是它们还可以拥有自身特有的修改器。同实例对象一样，参考对象至少可以共享同一个主对象和一些对象修改器（可能的话）。

创建参考时，3ds Max 将会在所有克隆对象修改器堆栈的顶部显示一条灰线，即导出对象线。在该直线下方所做的任何修改都会传递到其他参考对象及原始对象。在该直线上方添加的新修改器不会传递到其他参考对象。对原始对象所做的更改会传递到其参考对象。

这种效果十分有用，因为在保持影响所有参考对象的原始对象的同时，参考对象可以显示自身的各种特性。

所有的共享修改器位于导出对象直线的下方，且显示为粗体。选定参考对象特有的所有修改器位于导出对象直线的下方，且不显示为粗体。原始对象没有导出对象直线，其创建参数和修改器都会进行共享，且对该对象所做的全部更改都会影响所有参考对象。

更改命名对象参考的修改器或对其应用修改器的结果取决于在修改器堆栈中应用该修改器的位置。

（1）如果在修改器堆栈的顶部应用修改器，则只会影响选定的命名对象。

（2）如果在灰线下方应用修改器，将会影响该直线上方的所有参考分支对象。

（3）如果在修改器堆栈的底部应用修改器，将会影响由主对象生成的所有参考对象。

5. 使用参考对象的示例

例如，如果为头部建模，可能需要保持角色的家族相似性。可以根据原始对象为级别特征建模，然后根据每个参考为模型特点对象建模。

如果需要查看角色的头部是否像"克隆头部"，可能需要对原始头部应用"锥化"修改器，且让其他所有角色显示相同的特征点。可以向原始角色提供非常尖的头部，然后对某些参考角色应用单独的"锥化"修改器，以便减少面向法线的点。

对于游动的鱼，可能需要根据一条原始鱼选择将鱼群中的所有鱼作为参考对象，因此，可以通过原始鱼控制游动运动，还可以为鱼群中的各条鱼添加修改器，使其游动不一。

6. 几种复制或重复对象的方法

3ds Max 提供了几种复制或重复对象的方法：

① 克隆；

② Shift+ 克隆；

③ 快照；

④ 阵列；

⑤ 镜像；

⑥ 间隔工具；

⑦ 克隆并对齐工具；

⑧ 复制 / 粘贴（场景资源管理器）。

克隆是此过程的通用术语。这些方法可以用来克隆任意选择集。

（1）共有的功能。虽然每种方法在克隆对象时都有独特的用处和优点，但是，在大多数情况下，这些克隆方法在工作方式上有很多相似点：

① 按住 Shift 键即可在变换选择时对其进行克隆。创建新对象时，可以移动、旋转，或缩放。

② 变换相对于当前坐标系统、坐标轴约束和变换中心。

③ 克隆创建新对象时，可以选择使它们成为副本、实例和参考。

（2）克隆。使用"编辑"菜单上的"克隆"命令是复制对象的最简单方法，不用进行变换。

（3）Shift+ 克隆。可以在视口中交互地变换对象时将其克隆。此过程称为使用 Shift+ 克隆，即按住 Shift 键的同时使用鼠标变换选定对象的技术。如图 2.79 所示。

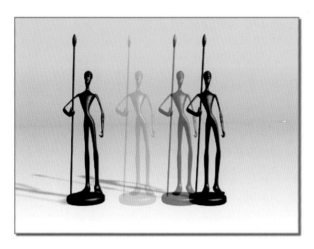

图 2.79　使用"Shift+ 克隆"会在变换对象
时对其进行克隆

　　此方法快捷通用，可能是复制对象时最为常用的方法。使用捕捉设置可获得精确的结果。

　　设置变换中心和变换轴的方式会决定克隆对象的排列。根据设置不同，可以创建线性和径向的阵列。

　　（4）快照。快照会随时间克隆动画对象。可在任一帧上创建单个克隆，或沿动画路径为多个克隆设置间隔。间隔是均匀时间间隔，也可以是均匀的距离。如图 2.80 所示。

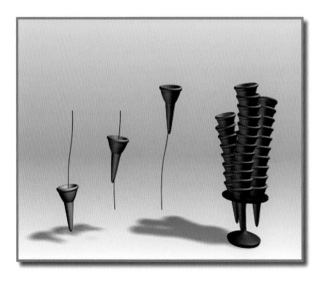

图 2.80　使用沿路径设置了动画的圆锥形冰淇淋杯，"快照"可以创建一摞圆锥体

　　（5）阵列。阵列能创建重复的设计元素，例如，游览车的吊篮、螺旋梯的梯级，或者城墙的城垛。如图 2.81 所示。

图 2.81　一维阵列

　　阵列可以给出所有三个变换和在三个维度上的精确控制，包括沿着一个或多个轴缩放的能力。就是因为变换和维度的组合，再与不同的中心结合，才给出了一个工具如此多的选项。例如，螺旋梯是围绕公共中心的"移动"和"旋转"的组合。另外一个使用"移动"和"旋转"的阵列可能产生一个链的连锁链接。

　　（6）镜像。镜像会在任意轴的组合周围产生对称的复制。还有一个"不克隆"的选项，用来进行镜像操作但并不复制。效果是将对象翻转或移动到新方向。如图 2.82 所示。

图 2.82　镜像对象

　　镜像具有交互式对话框。更改设置时，可以在活动视口中看到效果。换句话说，会看到镜像显示的预览。

　　还有一个"镜像"修改器，给出了镜像效果的参数控制。

（7）间隔工具。

间隔工具沿着路径进行分布，该路径由样条线或成对的点定义。通过拾取样条线或两个点并设置许多参数，可以定义路径。也可以指定确定对象之间间隔的方式，以及对象的相交点是否与样条线的切线对齐。如图 2.83 所示。

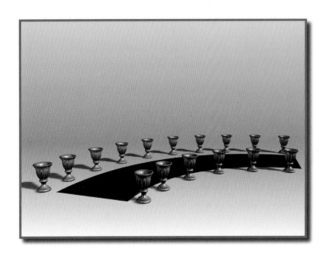

图 2.83 "间隔工具"沿着弯曲的街道两侧分布花瓶

（8）克隆并对齐工具。使用"克隆并对齐"工具可以基于当前选择将源对象分布到目标对象的第二选择上。例如，使用"克隆并对齐"可以同时填充配备了相同家具布置的几个房间。

（9）在场景资源管理器中复制 / 粘贴。场景资源管理器处于"按层次排序"模式时，可以使用"编辑"菜单命令复制和剪切选定节点，并将其粘贴为其他节点的子项。

※ 2.4 3ds Max 2016 常用建模方法

3ds Max 提供了多样化的建模方法，从使用工具上大致可以分为内置模型建模、复合对象建模、二维图形建模、网格建模、多边形建模、面片建模和 NURBS 建模这七种主要方法。确切地说，这些建模方法不应该有固定的分类，因为它们之间都可以交互使用。

2.4.1 内置模型建模

内置模型是 3ds Max 中自带的一些模型，如标准基本体、扩展基本体、二维图形等。它是从几何体创建命令面板中创建的，方法很简单，单击拖动鼠标或使用键盘输出即可。每种几何体都由多种属性参数控制，通过对参数的调整来控制基本体的形态。

用户可以直接调用这些模型。比如想创建一个台阶，可以使用内置的几何体模型来创建，然后将其转换为"可编辑对象"，再对其进一步调节就行了。如图 2.84 所示。

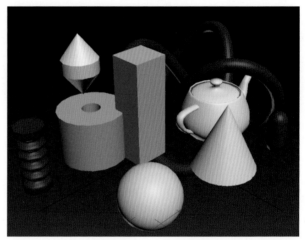

图 2.84 3ds Max 内置模型

● 技巧与提示

基础模型可以搭建简单的模型，同时也是创建复杂模型的基础。从理论上说，任何复杂的物体都可以拆分成多个标准的内置模型；反之，多个标准的内置模型也可以合成任何复杂的物体模型。简单的物体可以用内置模型进行创建，通过参数调整其大小、比例和位置，最后形成物体的模型。而更为复杂的物体可以先由内置模型进行创建，再利用编辑修改器进行弯曲、扭曲等变形操作，最后形成所需物体的模型。

使用基本几何形体和扩展几何形体来建模的优点在于快捷简单，只调节参数和摆放位置就可以完成模型的创建，但是这种建模方法只适合制作一些精度较低并且每个部分都很规则的物体。

2.4.2　复合对象建模

复合物体是指将两个或更多的对象组合形成的新对象。实际物体往往可以看成是由很多简单物体组合而成的。对于合并的过程，可以反复调节，从而制作一些高难度的造型，如头发、毛皮、复杂的地形和变形动画等。如图 2.85 和图 2.86 所示。复合物体生成的方法有以下几种。

图 2.85　山的平面用于散布树和两组不同的岩石

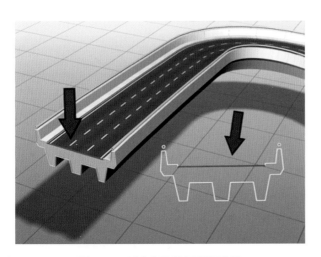

图 2.86　创建为放样图形的路线

（1）变形：由两个或多个节点数相同的二维或三维物体组成。通过对这些节点的插入，从一个物体变为另一个物体，其间发生的形状渐变可生成动画。

（2）连接：由两个带有开放面的物体，通过开放面或空洞将其连接后组合成一个新的物体。连接的对象必须都有开放的面或空洞，即两个对象连接的位置。

（3）布尔：对两个以上的对象进行并集、差集、交集的运算，得到新的对象形态。

（4）放样：起源于古代的造船技术，以龙骨为路径，在不同界面处放入木板，从而产生船体模型。这种技术被应用于三维建模领域，即放样操作。

（5）形体合并：将一个二维图形投影到一个三维对象表面，从而产生相交或相减的效果。常用于产生物体边面的文字镂空、花纹、立体浮雕效果，以及从复杂面物体截取部分表面及一些动画效果等。

（6）包裹：将一个物体的节点包裹到另一个物体表面上，从而塑造一个新物体。常用于给物体添加几何细节。

（7）地形：根据一组等高线的分布创建地形对象。

（8）离散：将物体的多个副本散布到屏幕上或定义的区域内。

（9）水滴网格：将粒子系统转换为网格对象。

2.4.3　二维图形建模

二维图形是指由一条或多条样条线组成的对象。二维图形创建在复合物体、面片建模中应用比较广泛，它可以作为几何形体直接渲染输出。更重要的是，可以通过二维挤出、旋转、斜切等编辑修改，使二维图形转换为三维图形；或作为动画的路径和放样的路径或截面使用。还可以将二维图形直接设置成可渲染的，创建霓虹灯一类的效果。

3ds Max 包含 3 种重要的线类型：样条线、NURBS 曲线、扩展样条线。在许多方面它们的用处是相同的，其中，样条线继承了 NURBS 曲线和扩展样条线所具有的特性，绝大部分默认的图形方式是样条方式。样条线建模是指调用样条强大的可塑性，并配合样条自身的可渲染性、样条线专用修改器及放样的创建方法，制作形态富于变化的模型。一般多用于制作复杂模型的外部形状或不规则物体的截面轮廓。

● 技巧与提示

使用二维图形建模的方法可以快速地创建出可渲染的文字模型。图 2.87（a）所示物体是二维线框，图 2.87（b）所示是为二维线框添加了不同的修改器后的三维物体效果。

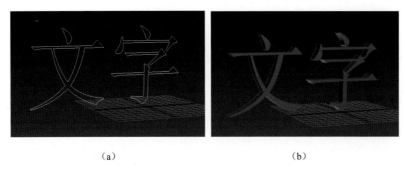

（a）　　　　　　　　　　　（b）

图 2.87　二维图形建模实例（一）

除了可以使用二维图形创建文字模型外，还可以用来创建比较复杂的物体。比如对称的坛子，可以先创建出纵向截面的二维线，然后为二维线添加修改器将其变成三维物体，如图 2.88 所示。

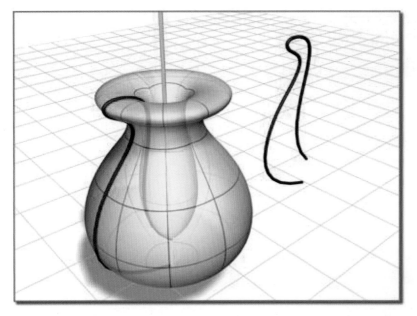

图 2.88　二维图形建模实例（二）

2.4.4　网格建模

可编辑网格是 3ds Max 最基本也最稳定的建模方法，制作模型占用系统资源最少，运行速度最快，在较少面数下也可制作复杂模型。它针对三维对象的各个组成部分进行修改或编辑，它提供由三角面组成的网格对象的操作控制（顶点、边和面）。其中涉及的技术主要是拓扑表面构建基本模型，再增加平滑网格修改器，进行表面的平滑和提高精度。这种技法大量使用点、线、面的编辑操作，对空间控制能力要求比较高，适合创建复杂的模型。

网格建模法就像"编辑网格"修改器一样，可以在 3 种子对象层级上编辑物体，其中包含了顶点、边和面 3 种可编辑的对象。在 3ds Max 中，可以将大多数对象转换为可编辑网格对象，然后对形状进行调整。

● 技巧与提示

初次接触网格建模和多边形建模时，可能会难以辨别这两种建模方式的区别。网格建模本来是 3ds Max 最基本的多边形加工方法，但在 3ds Max 4 之后被多边形建模代替了，之后网格建模逐渐被忽略。网格建模的稳定性要高于多边形建模；而多边形建模是当前最流行的建模方法，运用了更先进的建模技术，有着比网格建模更多更方便的修改功能。

其实这两种方法建模的思路基本相同，不同点在于网格建模所编辑的对象是三角面，而多边形建模所编辑的对象是三边面、四边面或更多边的面，因此，多边形建模具有更高的灵活性。

2.4.5　多边形建模

可编辑多边形是目前三维软件流行的建模方法之一，也是 3ds Max 最经典的一种建模方式。是在可编辑网格建模的基础上发展起来的一种多边形建模技术，与编辑网格非常相似。多边形建模方法易于理解，非常适合初学者学习，并且在建模的过程中使用者有更多的想象空间和可修改余地。几乎所有的几何体类型都可以塌陷为可编辑多边形网格，曲线也可以塌陷，封闭的曲线可以塌陷为曲面。如果不想因为使用塌陷而丢失制作历史，还可以用指定可编辑多边形修改器的方式进行多边形建模修改。

编辑多边形和编辑网格的面板参数大都相同，但是编辑多边形更适合模型的构建。可编辑多边形对象包括顶点、边、边界、多边形和面 5 个层级，也就是说，可以分别对顶点、边、边界、多边形和面进行调整，而每个层级都有很多可以使用的工具，这就为创建复杂模型提供了很大的发挥空间。

● 技巧与提示

多边形物体是面的集合，比较适合建立结构穿插关系很复杂的模型，如窗墙、门等。它的不足是，当表现细节太多时，随着面数的增加，3ds Max 的性能也会下降。这意味着初学者在创建几何体时一定要当心，避免每件事物都建立过多不必要的细节。不过，随着技术的发展进步，在一个高配置的工作站上，数千个面才会导致性能的显著下降。如图 2.89 所示。

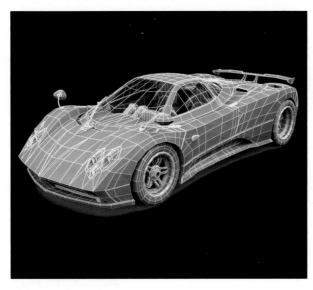

图 2.89　多边形建模

从布线上可以看出构成物体大多是四边面，这就是使用多边形建模方法创建出的模型的显著特点。

2.4.6　面片建模

面片建模是在多边形的基础上发展而来的，它解决了多边形表面不易进行平滑编辑的难题，采用 Bezier 曲线的方法编辑曲面，因此可以使用较少的控制点来控制很大的区域，常用于创建较大的平滑物体。多边形的边只能是直线，而面片的边可以是曲线，因此多边形模型中单独的面只能是平面，而面片模型的一个单独的面却可以是曲面，使面内部的区域更光滑。它的优点是用较少的细节表现很光滑物体表面和表皮褶皱，它适合创建生物模型。

以一个面片为例，将其转换为可编辑面片后，选中一个点，然后将其转换成可编辑面片，接着随意调整这个点的位置，可以观察到凸起的部分是一个圆滑的部分，而同样形状的物体，转换成可编辑多边形后，调整点的位置，该点凸起的部分会非常尖锐。

● 技巧与提示

面片建模有两种方法：一种是雕塑法，利用编辑面片修改器调整面片的次对象，通过拉扯节点，调整节点的控制柄，将一块四边形面片塑造成模型；另一种是蒙皮法，绘制模型的基本线框，然后进入其次对象层级中编辑次对象，最后加一个曲面修改器而形成三维模型。

面片的创建可由系统提供的四边形面片或三边形面片直接创建，或将创建好的几何模型塌陷为面片物体，但塌陷得到的面片物体结构过于复杂，并且会导致出错。

2.4.7　NURBS 建模

NURBS是指Non-Uniform Rational B-Spline（非均匀有理 B 样条曲线）。NURBS 建模适用于创建比较复杂的曲面。在场景中创建出 NURBS 曲线，然后进入"修改"面板，NURBS 工具箱就会自动弹出来，如图 2.90 所示。

图 2.90　NURBS 工具箱

它使用数学函数来定义曲线和曲面，自动计算出表面精度。相对面片建模，NURBS 可使用更少的控制点来表现相同的曲线。但由于曲面的表现是由曲面的算法来决定的，而 NURBS 曲线函数相对高级，因此对 PC 机的要求也最高。其最大的优势是表面精度的可调性，可以在不改变面数的前提下自由控制曲面的精细程度。

简单地说，NURBS 就是专门做曲面物体的一种造型方法。由于 NURBS 造型总是由曲线和曲面来定义的，所以要在 NURBS 表面生成一条有棱角的边是很难的。就是因为这一特点。可以用它做出各种复杂的曲面造型和表现特殊的效果，如人的皮肤、面貌或流线型的跑车等。不足之处是，造型方法不易理解，不够直观。

● 技巧与提示

NURBS 建模已成为设置和创建曲面模型的标准方法。这是因为很容易交互操纵这些 NURBS 曲线，且创建 NURBS 曲线的算法效率很高，计算稳定性也很好，同时，NURBS 自身还配置了一套完整的造型工具，通过这些工具可以创建出不同类型的对象。同样，NURBS 建模也是基于对子对象的编辑来创建对象，所以掌握了多边形建模方法之后，使用 NURBS 建模方法就会更加轻松一些。

面对如此多的建模方法，应充分了解每种方法的优势和不足，掌握其特点及适用对象，选择最适合的创建方法，可以创建出逼真的效果。

※ 2.5 3ds Max 2016 多边形建模工具详解

2.5.1 创建可编辑多边形

可编辑多边形是一种可编辑对象，它包含五个子对象层级：顶点、边、边界、多边形和元素。"可编辑多边形"有各种控件，可以在不同的子对象层级将对象作为多边形网格进行操纵。但是，与三角形面不同的是，多边形对象由包含任意数目顶点的多边形构成。

（1）创建或选择对象。单击四元菜单→"变换"象限→"转换为"→"转换为可编辑多边形"，如图 2.91 所示。

图 2.91 四元菜单"转换为可编辑多边形"

（2）创建或选择对象。单击"修改" 面板，右键单击堆栈中的基本对象，选择"转换为：可编辑多边形"。

"可编辑多边形"（图 2.92）提供了下列选项：

（3）与任何对象一样，可以变换或对选定内容执行 Shift + 克隆操作。

（4）使用"编辑"卷展栏中提供的选项修改选定内容或对象。后面的主题讨论每个多边形网格组件的这些选项。

（5）将子对象选择传递给堆栈中更高级别的修改器。可对选择应用一个或多个标准修改器。

（6）使用"细分曲面"卷展栏（多边形网格）上的选项可改变曲面特性。

提示：通过在活动视口中单击右键，可以退出大多数"可编辑多边形"命令模式，如"挤出"。

图 2.92 可编辑多边形命令栏

1."选择"卷展栏（多边形网格）

"选择"卷展栏提供了各种工

具，用于访问不同的子对象层级和显示设置，以及创建与修改选定内容，此外，还显示了与选定实体有关的信息。

要创建或选择可编辑多边形对象，须单击"修改"面板→"选择"卷展栏，如图 2.93 所示。

图 2.93 "选择"卷展栏

（1）顶点 ■。访问"顶点"子对象层级，可从中选择光标下的顶点；区域选择将选择区域中的顶点。

（2）边 ■。访问"边"子对象层级，可从中选择光标下的多边形的边；区域选择将选择区域中的多条边。

（3）边界 ■。访问"边界"子对象层级，可从中选择构成网格中孔洞边框的一系列边。边界只由相连的边组成，只有一侧的边上有面，且边界总是构成完整的环形。例如，默认的长方体基本体没有边界，但是"茶壶"对象有多个边界：壶盖、壶身、壶嘴上各有一个，壶柄上有两个。如果创建一个圆柱体，然后删除一端，则这一端的一条边将会形成一个边界。

当"边框"子对象层级处于活动状态时，不能选择边框中的边。单击边界上的单个边，会选择整个边界。

可以用封口功能或通过应用补洞修改器将边界封口。另外，还可以使用连接复合对象连接对象之间的边界。

注："边"与"边界"子对象层级兼容，所以可在二者之间切换，将保留所有现有选择。

（4）多边形 ■。访问"多边形"子对象层级，可选择光标下的多边形；区域选择选中区域中的多个多边形。

（5）元素 ■。访问"元素"子对象层级，通过它可以选择对象中所有相邻的多边形；区域选择用于选择多个元素。

注："多边形"与"元素"子对象层级兼容，所以可在二者之间切换，将保留所有现有选择。

（6）按顶点。启用时，只有通过选择所用的顶点，才能选择子对象。单击顶点时，将选择使用该选定顶点的所有子对象。

该功能在"顶点"子对象层级上不可用。

（7）忽略背面。启用后，选择子对象将只影响朝向用户的那些对象。禁用（默认值）时，无论可见性或面向方向如何，都可以选择鼠标光标下的任何子对象。如果光标下的子对象不止一个，可反复单击，在其中循环切换。同样，禁用"忽略朝后部分"后，无论面对的方向如何，区域选择都包括了所有的子对象。

注："显示"面板中的"背面消隐"设置的状态不影响子对象选择。这样，如果"忽略背面"已禁用，仍然可以选择子对象，即使看不到它们。

（8）按角度。启用时，选择一

个多边形后，也可基于复选框右侧的数字"角度"设置选择相邻多边形。该值可以确定要选择的邻近多边形之间的最大角度。仅在"多边形"子对象层级可用。

例如，如果单击长方体的一个侧面，且"角度"值小于 90.0，则仅选择该侧面，因为所有侧面相互成 90 度角。但如果"角度"值为 90.0 或更大，将选择长方体的所有侧面。使用该功能，可以加快连续区域的选择速度。其中，这些区域由彼此间角度相同的多边形组成。通过单击一次任何角度值，可以选择共面的多边形。

（9）收缩。通过取消选择最外部的子对象，可缩小子对象的选择区域。如果不能再减少选择区域的大小，则会取消选择区域。

（10）扩大。朝所有可用方向外侧扩展选择区域。在该功能中，将边界看作一种边选择。

使用"收缩"和"增长"，可以从当前选择的边上添加或移除相邻元素。该功能可以用于任意子对象层级。如图 2.94 所示。

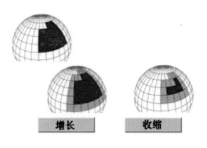

图 2.94 使用"收缩"和"增长"命令

（11）环形。通过选择所有平行于选中边的边来扩展边选择。环形只应用于边和边界选择。如图 2.95 所示。

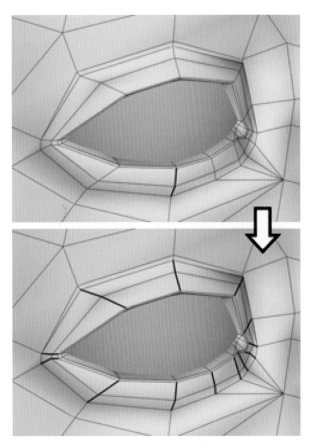

图 2.95　圆环选择将所有平行于初始选中
边的边添加到选择中

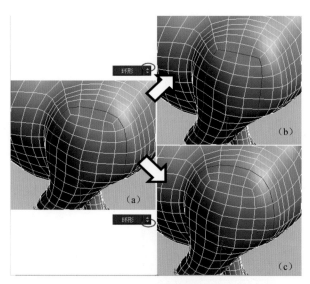

图 2.96　环形移动
（a）原始循环选择；
（b）环形平移向上移动向外的选择（从模型的中心）；
（c）环形平移向下移动向内的选择（向模型的中心）

提示：可以快速选择环形边，方法是选择一条边，然后在按下 Shift 键的同时单击同一环形中的另一条边。

提示：进行环形选择之后，可以使用连接将关联的多边形细分为边循环。

（12）环形移动 环 。"环形"按钮旁边的微调器允许在任意方向将选择移动到相同环上的其他边，即相邻的平行边。如果选择了循环，则可以使用该功能选择相邻的循环。此选项只适用于"边"和"边界"子对象层级。如图 2.96 所示。

要以选择的方向展开选择，请在按下 Ctrl 键的同时单击上或下微调器按钮。要以选择的方向缩小选择，请在按下 Alt 键的同时单击上或下微调器按钮。

（13）循环。在与所选边对齐的同时，尽可能远地扩展边选定范围。

循环选择仅通过四向连接进行传播。如图 2.97 所示。

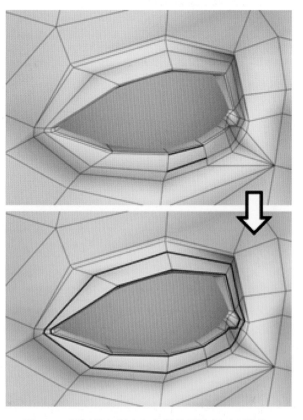

图 2.97　通过添加所有与初始选择边相对齐的边，
循环选择扩展当前边选择

提示：通过双击边可以快速选择循环。

可以在"顶点"和"多边形"子对象层级快速选

择循环，方法是选择一个子对象，然后按 Shift 键并单击相同循环中另一个相同类型的子对象。

（14）循环移动 循环 。

"循环"按钮旁边的微调器允许在任意方向将选择移动到相同循环中的其他边，即相邻的对齐边。如果选择了环形，则可以使用该功能选择相邻的环形。此选项只适用于"边"和"边界"子对象层级。如图 2.98 所示。

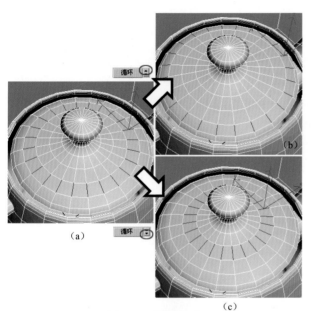

图 2.98　循环移动

（a）原始循环选择；
（b）向上循环平移可以将选择部分向外移动；
（c）向下循环平移可以将选择部分向内移动

要以选择的方向展开选择，则在按下 Ctrl 键的同时单击上或下微调器按钮。要以选择的方向缩小选择，则在按下 Alt 键的同时单击上或下微调器按钮。

（15）转换子对象选择。

使用 Ctrl 键和 Shift 键，可以采用下面三种不同的方式转换选定子对象：

① 要将当前选择转换为不同的子对象层级，则在按住 Ctrl 键的同时在"选择"卷展栏上单击子对象按钮。这将在新层级中选择所有与前一选择相接触的子对象。例如，如果选中一个顶点，然后按下 Ctrl 键的同时单击"多边形"按钮，那么所有使用该顶点的多边形都被选中。

② 要将选择只转换为所有源组件都是最初选中的子对象，那么在更改层级的同时，按下 Ctrl 键和 Shift 键。例如，如果同时按下 Ctrl+Shift 组合键并单击"将

顶点选择转换为多边形"，那么生成的选择只包含其所有顶点都是最初选中的这些多边形。

③ 要将选择转换为只与选择相邻的子对象，则按住 Shift 键同时更改层级。该选择转换包含边界在内，也就是说，转换面时，得到的边或顶点的选择都属于与未选定面相邻的选定的面。只选择与未选定面相邻的边或顶点。如图 2.99 所示。

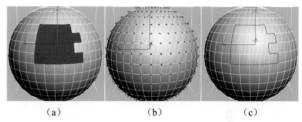

图 2.99　面选择（a）转换为顶点边界（b）和边边界（c）

将顶点转换为面时，得到的面选择具有所有选定的顶点和相邻的未选定面。将顶点转换为面时，得到的选择只包含以前选定其所有顶点的边，以及未选定所有顶点面的边，也就是说，顶点选择边界周围的面的边。如图 2.100 所示。

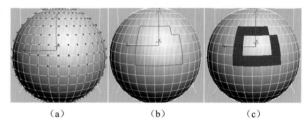

图 2.100　顶点选择（a）转换为边边界（b）和面边界（c）

将边转换为面时，得到的面选择具有一些选定的面，但是不是所有面都被选定，并且与未选定边的面相邻。将边转换为顶点时，得到的顶点是以前选定的边，但是只位于并非所有边都选定的交叉点上。如图 2.101 所示。

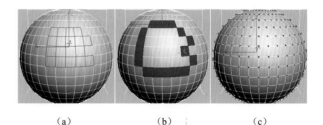

图 2.101　边选择（a）转换为面边界（b）和顶点边界（c）

注：也可以通过四元菜单使用转换命令。

2. 可编辑多边形（顶点） ■

顶点是空间中的点：它们是最基础的子对象，定义了组成多边形对象的其他子对象（边和多边形）的结构。移动或编辑顶点时，也会影响连接的几何体。顶点也可以独立存在。这些孤立顶点可以用来构建其他几何体，但在渲染时，它们是不可见的。

在"顶点"子对象层级上，可以选择单个或多个顶点，并使用标准方法移动它们。本主题介绍"编辑顶点"和"顶点属性"卷展栏，并提供指向其余卷展栏的链接。如图2.102所示。

图 2.102 "编辑顶点"卷展栏

提示：要删除顶点，可以选择它们，然后按 Delete 键，但这样会在网格中创建孔洞。要删除顶点而不创建孔洞，则使用"移除"命令。

（1）移除。删除选中的顶点，并使用它们的多边形结合起来。键盘快捷键是 Backspace。如图2.103所示。

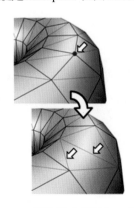

图 2.103 删除选中的顶点，并使用它们的多边形结合起来

移除一个或多个顶点，然后对网格使用重复三角算法，使表面保持完整。如果使用 Delete 键，那么依赖于那些顶点的多边形也会被删除，这样就在网格中创建了一个洞。

警告：使用"移除"命令，可能导致网格形状变化并生成非平面的多边形。

（2）断开。在与选定顶点相连的每个多边形上，都创建一个新顶点，这可以使多边形的转角相互分开，使它们不再相连于原来的顶点上。如果顶点是孤立的或者只有一个多边形使用，则顶点将不受影响。

（3）挤出。可以手动挤出顶点，方法是在视口中直接操作。单击此按钮，然后垂直拖动到任何顶点上，就可以挤出此顶点。

挤出顶点时，它会沿法线方向移动，并且创建新的多边形，形成挤出的面，将顶点与对象相连。挤出对象的面的数目与原来使用挤出顶点的多边形数目一样。

① 如果鼠标光标位于选定顶点上，将会更改为"挤出"光标。

② 垂直拖动时，可以指定挤出的范围；水平拖动时，可以设置基本多边形的大小。

③ 选定多个顶点时，拖动任何一个，也会同样地挤出所有选定顶点。

④ 当"挤出"按钮处于活动状态时，可以轮流拖动其他顶点，以挤出它们。再次单击"挤出"或在活动视口中单击右键，可以结束操作。如图2.104所示。

⑤ ■ 挤出设置：打开"挤出顶点"助手，以便通过交互式操纵执行挤出。

图 2.104 切角长方体显示挤出的顶点

如果在执行手动挤出后单击该按钮，则会以预览的形式对当前选择执行相同的挤出，并打开助手，其中"挤出高度"设置为最后一次手动挤出的量。

（4）焊接。其功能是对"焊接"助手中指定的公差范围内选定的连续顶点进行合并。所有边都会与产生的单个顶点连接。如图2.105所示。

图 2.105 在"顶点"级别使用焊接

不会对超过阈值距离的顶点进行焊接。

如果几何体区域有很多非常接近的顶点，那么它最适合用"焊接"来进行自动简化。使用"焊接"前，通过"焊接"助手设置"焊接阈值"。要焊接相对较远的顶点，则使用"目标焊接"。

■ 焊接设置：打开"焊接顶点"助手，以便指定焊接阈值。

（5）切角。单击此按钮，然后在活动对象中拖动顶点。要用数字切角顶点,则单击"切角设置"按钮,然后使用"切角量"值。

如果对多个选定顶点进行切角,那么它们都会被同样地切角。如果拖动某个未选定的顶点,则首先取消选择已选定的顶点。

所有连向原来顶点的边上都会产生一个新顶点,每个切角的顶点都会被一个新面有效替换,这个新面会连接所有的新顶点。这些新顶点正好是从原始顶点沿每一个边到新点的切角量距离。新切角面是用其中一个邻近面(随意拾取)的材质 ID 和作为所有邻近平滑组的相交组的平滑组创建的。

例如,如果切了正方体的一个角,那么外角顶点就会被三角面替换,三角面的顶点处在连向原来外角的三条边上。外侧面被这三个新顶点重新整理和分割,并且在角上创建出了一个新三角形。也可以在切角顶点的周围创建开放的空间。如图 2.106 所示。

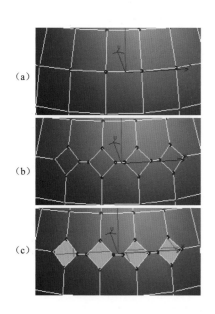

图 2.106 切角

(a) 初始的顶点选择;

(b) 切角的顶点;

(c) 启用"打开"按钮后切角的顶点

切角设置:打开"切角"助手,以便通过交互式操纵对顶点进行切角处理,以及切换"打开"选项。

如果在执行手动切角后单击该按钮,则会以预览的形式对当前选择执行相同的切角操作,并打开助手。其中,"切角量"设置为最后一次手动切角的量。

(6)目标焊接。可以选择一个顶点,并将它焊接到相邻目标顶点。目标焊接只焊接成对的连续顶点,也就是说,顶点由一个边相连。如图 2.107 所示。

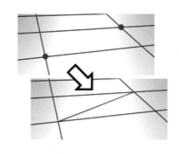

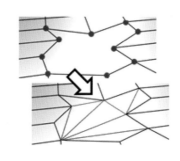

图 2.107 在选中的顶点对之间创建新的边

在目标焊接模式中,当鼠标光标处在顶点之上时,它会变成 + 光标。单击并移动鼠标;一条橡皮筋虚线将该顶点与鼠标光标连接。将光标放在其他附近的顶点之上,当再出现 + 光标时,单击鼠标。第一个顶点移动到第二个的位置上,它们两个焊接在一起。目标焊接将一直保持活动状态,直到再次单击按钮或在视口中单击右键。

(7)连接。连接不会让新的边交叉,因此,例如,如果选择了四边形的四个顶点,然后单击"连接",那么只有两个顶点会连接起来。在这种情况下,要用新的边连接四个顶点,可使用"切割"命令。

(8)移除孤立顶点。将不属于任何多边形的所有顶点删除。

(9)移除未使用的贴图顶点。某些建模操作会留下未使用的(孤立)贴图顶点,它们会显示在"展开 UVW"编辑器中,但是不能用于贴图。可以使用这一按钮来自动删除这些贴图顶点。

3. 可编辑多边形(边)

边是连接两个顶点的直线,它可以形成多边形的边。边不能由两个以上多边形共享。另外,两个多边形的法线应相邻。如果不相邻,应卷起共享顶点的两条边。在"边"子对象层级,可以选择一个或多个边,然后使用标准方法对其进行变换。如图 2.108 所示。

图 2.108 "编辑边"卷展栏

注:除边之外,每个多边形都拥有一条或多条内部对角线,用于确定渲染时 3ds Max 对多边形的三角化方式。对角线不能直接操纵,可以使用旋转和编辑三角剖分功能进行位置

更改。

注：要删除某些边，先选择边，然后按 Delete 键，此时，将会删除选定的所有边和附加的所有多边形，从而可以在网格中创建一个或多个孔洞。如果要删除边而不创建孔洞，可以执行以下操作。

（1）插入顶点。用于手动细分可视的边。

启用"插入顶点"后，单击某边即可在该位置处添加顶点。只要命令处于活动状态，就可以连续细分多边形。

要停止插入边，可在视口中单击右键，或者重新单击"插入顶点"将其关闭。

（2）移除。删除选定边并组合使用这些边的多边形。也可按Backspace 键移除。

移除一个边就是使它不可见。只有删除所有边或除了与其中一条与一个顶点有关的边以外的所有边时，才会影响该网格。此时，将会删除顶点本身，还会对曲面执行重复三角算法。

要在移除边时删除关联的顶点，则在按住 Ctrl 键的同时执行"移除"操作。该选项称为"清除"，需确保其余的多边形是平面的。如图 2.109 所示。

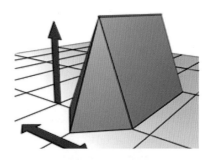

图 2.110　挤出操作

下面是边挤出的重要方面：

① 如果鼠标光标位于选定边上，将会更改为"挤出"光标。

② 垂直拖动时，可以指定挤出的范围；水平拖动时，可以设置基本多边形的大小。

③ 选定多个边时，如果拖动任何一个边，将会均匀地挤出所有选定的边。

④ 在"挤出"按钮处于活动状态时，可以依次拖动其他边，使其挤出。再次单击"挤出"按钮或在活动视口中单击右键，可结束操作。如图 2.111 所示。

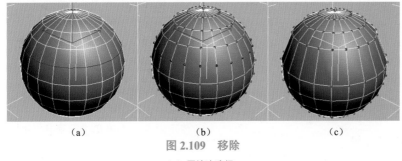

图 2.109　移除
（a）原始边选择；
（b）标准移除操作留下额外的顶点；
（c）使用"Ctrl+ 移除"的"清理移除"操作删除额外的顶点

此项操作通常不会删除同时被两个多边形共用的边。

警告：使用移除命令可能导致网格形状变化，并生成非平面的多边形。

（3）分割。沿着选定边分割网格。

应用网格中心的单条边时，其不会起任何作用。影响边末端的顶点必须是单独的，以便能使用该选项。例如，因为边界顶点可以一分为二，所以，可以在与现有的边界相交的单条边上使用该选项。另外，因为共享顶点可以进行分割，所以，可以在栅格或球体的中心处分割两个相邻的边。

（4）挤出。直接在视口中操作时，可以手动挤出边。单击此按钮，然后垂直拖动任何边，以便将其挤出。如图 2.110 所示。

在视口中交互式挤出顶点或边时，可以垂直移动光标设置挤出高度，还可以水平移动光标设置基本宽度。

挤出边时，该边界将会沿着法线方向移动，然后创建形成挤出面的新多边形，从而将该边与对象相连。挤出时涉及 3 ～ 4 条边：如果边位于边界上，是三条边；如果边由两个多边形共享，是四条边。随着挤出长度的增加，基本多边形的大小会随之增大，达到与挤出边的端点相邻的顶点的范围。

图 2.111　显示挤出边的切角长方体

挤出设置：打开"挤出边"助手，可通过交互式操纵执行挤出。

如果在执行手动挤出后单击该按钮，则会以预览的形式对当前选择执行相同的挤出，并打开助手。其中"挤出高度"设置为最后一次手动挤出的量。

（5）焊接。对"焊接"助手中指定的阈值范围内的选定边进行合并。

只能焊接仅附着一个多边形的边，也就是边界上的边。另外，不能执行会生成非法几何（例如，由两个以上的多边形共享的边）的焊接操作。例如，不能焊接已移除一个面的长方体边界上的相对边。

焊接设置：打开"焊接边"助手，可指定焊接阈值。

（6）切角。边切角可以"砍掉"选定边，从而为每个切角边创建两个或更多新边。它还会创建一个或多个连接新边的多边形。这些新边正好是到原始边的切角量距离。新的切角多边形会使用原来相邻的多边形之一（随机拾取）的材质 ID 创建，它所在的平滑组是所有相邻平滑组的交集。

要交互使用"切角"，可单击该按钮，然后在活动对象中拖动边。如果拖动选定边，切角将均匀应用于所有选定边。要采用数字方式对边进行切角处理，则单击"切角设置"按钮，然后更改"切角量"值；也可以在切角边之间创建开放的空间。如图 2.112 所示。

图 2.112　切角边

切角设置：打开"切角"助手，可通过交互式操纵对边进行切角处理，以及切换"打开"选项。

如果在选定一个或多个边的情况下单击此按钮，将会打开助手。其中"切角量"设置为上次切角的量，并且对当前选择执行由设置指定的切角作为预览。

（7）目标焊接。用于选择边并将其焊接到目标边。将光标放在边上时，光标会变为 + 光标。单击并移动鼠标，会出现一条虚线，虚线的一端是顶点，另一端是箭头光标。将光标放在其他边上，如果光标再次显示为 + 形状，则单击鼠标。此时，第一条边将会移动到第二条边的位置，从而将这两条边焊接

在一起。

只能焊接仅附着一个多边形的边，也就是边界上的边。另外，不能执行可能会生成非法几何体（例如，由两个以上多边形共享的边）的焊接操作。例如，不能焊接已移除一个面的长方体边界上的相对边。

（8）桥。使用多边形的"桥"连接对象的边。桥只连接边界边，也就是只在一侧有多边形的边。创建边循环或剖面时，该工具特别有用。

在"直接操纵"模式（即不打开"跨越边"助手的情况）下使用"桥"的方法有两种：

① 选择对象上两个或更多边缘，然后单击"桥"。此时，将会使用当前的"桥"设置立刻在每对选定边界之间创建桥，然后取消激活"桥"按钮。

② 如果不存在符合要求的选择（即，两个或多个选定边界），单击"桥"时会激活该按钮，并处于"桥"模式下。首先单击边界边，然后移动鼠标，此时将会显示一条连接鼠标光标和单击边的橡皮筋线。单击其他边界上的第二条边，使这两条边相连。此时，使用当前"桥"设置时，会立即创建桥；"桥"按钮始终处于活动状态，以便用于连接更多边。要退出"桥"模式，右键单击活动视口，或者单击"桥"按钮。

由执行"桥"操作生成的新多边形将被自动选中，通过访问"多边形"子对象层级可看到这一点。如图 2.113 所示。

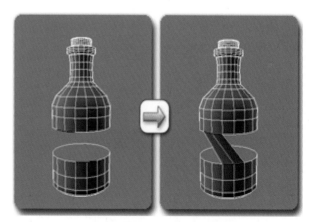

图 2.113　在"边"级别使用桥

注：使用"桥"时，始终可以在边之间建立直线连接。要沿着某种轮廓建立桥连接，可在创建桥后，根据需

要应用建模工具。例如，桥接两个边，然后使用"混合"选项。

"桥"设置：打开"跨越边"助手，以便通过交互式操纵在边对之间添加多边形。

（9）连接。使用当前的"连接边"设置在选定边对之间创建新边。连接对于创建或细化边循环特别有用。如图2.114所示。

注：只能连接同一多边形上的边。此外，连接不会让新的边交叉。举例来说，如果选择四边形的全部四个边，然后单击"连接"按钮，则只连接相邻边，会生成菱形图案。

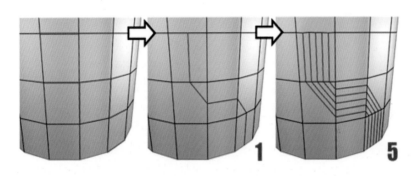

图2.114 连接设置

使用"设置"对话框连接两条或多条边时，将会创建等距的边。边数可以在该对话框中进行设置。单击"连接"按钮时，可以对选择的对象应用当前的对话框设置。

① 连接设置：打开"连接边"助手，以便预览"连接"结果、指定该操作创建的边分段数，以及设置新边的边距和位置。

② 创建图形（利用所选内容）。

选择一个或多个边后，单击该按钮，可通过选定的边创建样条线形状。新图形的枢轴位于多边形对象的中心。该过程因多边形对象类型的不同稍有差异。

③ 对于可编辑多边形对象，将会显示"创建图形"对话框，用于命名图形，并将图形类型设置为"平滑"或"线性"。

④ 对于"编辑多边形"对象，将会使用当前"创建图形"设置（名称和图形类型）立即创建图形。如图2.115所示。

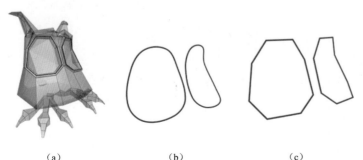

（a）　　　　　　（b）　　　　　　（c）

图2.115 选定边（a）、平滑图形（b）和线性图形（c）

在"创建图形"（仅限"可编辑多边形"）中，可以命名曲线名，并将其设置为"平滑"或"线性"。

"边属性"组如图2.116所示。

图2.116 "边属性"组

（10）权重。设置选定边的权重，供NURMS细分选项和"网格平滑"修改器使用。

增加边的权重时，可能会远离平滑结果。

注：当"选择并操纵"工具在"边"子对象层级处于激活状态时，小盒将出现在视口中并带有一个"边权重"控件 1.0 。

（11）折缝。指定选定的一条边或多条边的折缝范围。由OpenSubdiv和CreaseSet修改器、NURMS细分选项与网格平滑修改器使用。

在最低设置（折缝值为0），边相对平滑；在更高设置，折缝显著可见。如果设置为最高值1.0，则很难对边执行平滑操作。

注：当"选择并操纵"工具在"边"子对象层级处于活动状态时，视口中将显示小盒并带有一个"边折缝"控件 0.0 。

（12）硬。单击该按钮，导致选定边被渲染为未平滑的边。实现方法为：设置平滑组，使任何与硬边相邻的两个面共享任何平滑组。

提示：这是使用平滑组而不必处理细节的首选方法。

（13）平滑。通过在相邻的面

之间自动共享平滑组，设置选定边，以将其显示为平滑边。

（14）显示硬边。启用该选项后，所有硬边都使用通过邻近色样定义的硬边颜色并显示在视口中。为达到此设置的目的，硬边是指不与相邻面共享任何平滑组的一个面的边。如图 2.117 所示。

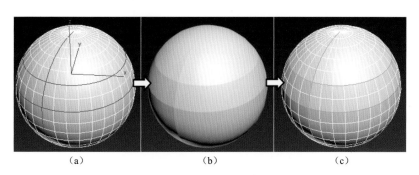

图 2.117　显示硬边

（a）选定的边；（b）设置为"硬"；
（c）启用了"显示硬边"并设置为绿色

注：如果视口设置为经过明暗处理的显示模式且未启用"边面"选项，则"显示硬边"没有任何效果。

（15）编辑三角剖分。

用于修改绘制内边或对角线时多边形细分为三角形的方式。如图 2.118 所示。

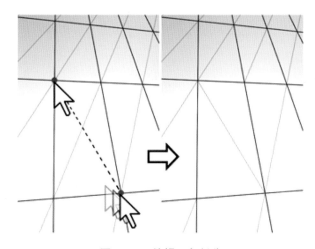

图 2.118　编辑三角剖分

在"编辑三角剖分"模式下，可以查看视口中的当前三角剖分，还可以通过单击相同多边形中的两个顶点对其进行更改。

要手动编辑三角剖分，则启用该按钮，将显示隐藏的边。单击多边形的一个顶点，会出现附着在光标上的橡皮筋线。单击不相邻顶点，可为多边形创建新的三角剖分。

提示：要更轻松地编辑三角剖分，则改为使用"旋转"命令。

（16）旋转。启用该按钮，通过单击三角剖分虚线，可以修改其对多边形的分割方式。激活"旋转"时，对角线可以在线框和边面视图中显示

为虚线。在"旋转"模式下，单击对角线可更改其位置。要退出"旋转"模式，则在视口中单击右键或再次单击"旋转"按钮。

在指定时间，每条对角线只有两个可用的位置。因此，连续单击某条对角线两次时，即可将其恢复到原始的位置处。但通过更改邻近对角线的位置，会为对角线提供另一个不同位置。

4. 可编辑多边形（边界）

边界是网格的线性部分，通常可以描述为孔洞的边缘。它通常是多边形仅位于一面时的边序列。例如，长方体基本体没有边界，但茶壶对象有若干边界：壶盖、壶身和壶嘴上有边界，还有两个在壶把上。如果创建圆柱体，然后删除末端多边形，相邻的一行边会形成边界。

在"可编辑多边形边界"子对象层级，可以选择一个和多个边界，然后使用标准方法对其进行变换。如图 2.119 所示。

图 2.119　"编辑边界"卷展栏

注：要删除某个边界，先选择该边界，然后按 Delete 键。此时，将会删除该边界和连接的所有多边形。

（1）挤出。通过在视口中直接操纵，对选定的边界进行手动挤出处理。单击此按钮，然后垂直拖动

任何边界，以便将其挤出。

挤出边界时，该边界将会沿着法线方向移动，然后创建形成挤出面的新多边形，从而将该边界与对象相连。挤出时，可以形成不同数目的其他面，具体情况视该边界附近的几何体而定。随着挤出长度的增加，基本多边形的大小会随之增大，达到与挤出边界的端点相邻的顶点的范围。

下面是边界挤出的一些重要方面：

① 当鼠标光标位于选定的边界上时，它会变为"挤出"光标。

② 若要指定挤出范围，则沿垂直方向拖动；若要设置基面大小，则沿水平方向拖动。

③ 选定多个边界时，如果拖动任何一个边界，将会均匀地挤出所有的选定边界。

④ 当"挤出"按钮处于活动状态时，可通过拖动将其他边界依次挤出。再次单击"挤出"或在活动视口中单击右键，以便结束操作。

挤出设置：打开"挤出边"助手，以便通过交互式操纵执行挤出。

如果在执行手动挤出后单击该按钮，则会以预览的形式对当前选择执行相同的挤出，并打开助手，其中"挤出高度"设置为最后一次手动挤出的量。

（2）插入顶点。用于手动细分边界边。

启用"插入顶点"后，单击边界边即可在该位置处添加顶点。只要命令处于活动状态，就可以连续细分边界边。

要停止插入顶点，则在视口中单击右键，或者重新单击"插入顶点"将其关闭。

（3）切角。单击该按钮，然后拖动活动对象中的边界。不需要先选中该边界。

如果对多个选定的边界进行切角处理，则这些边界的切角是相同的。

从根本上讲，边界切角可以用于设置边界边的"帧"，从而创建与边界边平行的一组新边和使用任意转角的新斜边。这些新边正好是到原始边的切角量距离。新切角面是用其中一个邻近面（随意拾取）的材质 ID 和作为所有邻近平滑组的相交组的平滑组创建的。

或者，也可以在切角边界的周围创建开放的空间（实际是在开放边处进行剪切）。

切角设置：打开"切角边"助手，以便通过交互式操纵对边界进行切角处理，以及切换"打开"选项。

如果在执行手动切角后单击该按钮，对当前选定对象和预览对象（执行过手动切角的对象）上执行的切角操作相同。此时，将会打开该对话框，其中"切角量"被设置为最后一次手动切角时的量。

（4）封口。使用单个多边形封住整个边界环。操作方法为：选择该边界，然后单击"封口"。

（5）桥。用"桥"多边形连接对象上的边界对。在"直接操纵"模式（即，无须打开"桥设置"对话框）下，使用"桥"的方法有两种：

① 选择对象的平均边界数，然后单击"桥"。此时，将会使用当前的"桥"设置立刻在每对选定边界之间创建桥，然后取消激活"桥"按钮。

② 如果不存在符合要求的选择（即，两个或多个选定边界），单击"桥"时会激活该按钮，并处于"桥"模式下。首先单击边界边，然后移动鼠标，此时将会显示一条连接鼠标光标和单击边的橡皮筋线。单击其他边界上的第二条边，使这两条边相连。此时，使用当前"桥"设置时，会立即创建桥；"桥"按钮始终处于活动状态，以便用于连接多对边界。要退出"桥"模式，右键单击活动视口，或者单击"桥"按钮。

由执行"桥"操作生成的新多边形将被自动选中，通过访问"多边形"子对象层级可看到这一点。如图 2.120 所示。

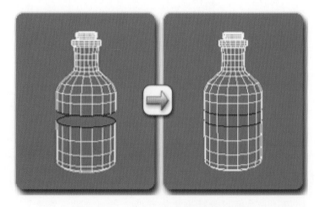

图 2.120　在"边界"级别使用桥

注：使用"桥"时，始终可以在边界对之间建立直线连接。要沿着某种轮廓建立桥连接，则在创建桥后，根据需要应用建模工具。例如，桥接两个边界，然后使用混合。

桥设置：打开"桥"助手，以便通过交互式操纵连接边界对。

（6）连接。

在选定边界边对之间创建新边。这些边可以通过其中点相连。

只能连接同一多边形上的边。

连接不会让新的边交叉。所以，举例来说，如果选择四边形的全部四个边，然后单击"连接"按钮，则只连接相邻边，会生成菱形图案。

连接设置：用于预览"连接"，并指定执行该操作时创建的边分段数。要增加新边周围的网格分辨率，则增加"连接边分段"设置。

（7）利用所选内容创建图形。

选择一个或多个边后，单击该按钮，以便通过选定的边创建样条线形状。此时将会显示"创建图形"对话框，用于命名图形，并将其设置为"平滑"或"线性"。新图形的枢轴位于多边形对象的中心。

（8）权重组。

① 权重。

设置选定边界的权重。它可以供"NURMS 细分"选项使用。

增加边的权重时，可能会远离平滑结果。

② 折缝。

指定对选定边界或边界执行的折缝值。它可以供"NURMS 细分"选项使用。

如果设置值不高，该边界相对平滑。在更高设置，折缝显著可见。如果设置值为 1.0，即最高设置值时，该边界根本不会平滑。

③ 编辑三角剖分。

用于修改绘制内边或对角线时多边形细分为三角形的方式。

要手动编辑三角剖分，则启用该按钮，将显示隐藏的边。单击多边形的一个顶点，会出现附着在光标上的橡皮筋线。单击不相邻顶点，可为多边形创建新的三角剖分。

④ 旋转。

用于通过单击对角线修改多边形细分为三角形的方式。激活"旋转"时，对角线可以在线框和边面视图中显示为虚线。在"旋转"模式下，单击对角线可更改其位置。要退出"旋转"模式，则在视口中右键单击或再次单击"旋转"按钮。

在指定时间，每条对角线只有两个可用的位置，因此，连续单击某条对角线两次时，即可将其恢复到原始的位置处。但通过更改邻近对角线的位置，会为对角线提供一个不同位置。

5. 可编辑多边形（多边形 / 元素）

多边形是通过曲面连接的三条或多条边的封闭序列。多边形提供了可渲染的可编辑多边形对象曲面。

在"可编辑多边形"子对象层级，可以选择一个或多个多边形，还可以使用标准方法对其进行变换。在"元素"子对象层级，可以选择并编辑连续的多边形组。如图 2.121 所示。

图 2.121　"编辑多边形 / 元素"卷展栏

提示：可以使用"视口配置"对话框中的"明暗处理选定面"开关切换明暗处理视口中选定多边形的高亮显示。要打开该对话框，须打开"常规"视口标签菜单（[+]），然后从菜单中选择"配置"。另外，还可以使用默认的键盘快捷键 F2 键切换该功能。

注："可编辑多边形"用户界面改进了工作流程，可供从中选择所需的编辑方法。

在"元素"子对象层级，该卷展栏包含常见的多边形和元素命令。在"多边形"层级，它包含这些命令和多边形特有的多个命令。在这两个层级都可用的命令包括："插入顶点""翻转""编辑三角剖分""重复三角算法"和"转变"。

注：要删除多边形或元素，先将其选中，然后按 Delete 键。如果已禁用"删除孤立顶点"，可能生成孤立顶点，即没有关联面几何体的顶点。

（1）插入顶点。用于手动细分多边形。即使处于元素子对象层级，同样适用于多边形。

启用"插入顶点"后，单击多边形即可在该位置处添加顶点。只要命令处于活动状态，就可以连续细分多边形。

要停止插入顶点，须在视口中单击右键，或者重新单击"插入顶点"将其关闭。

（2）挤出。直接在视口中操纵时，可以执行手动挤出操作。单击"挤出"按钮，然后垂直拖动任何多边形，以便将其挤出。

挤出多边形时，这些多边形将会沿着法线方向移动，然后创建形成挤出边的新多边形，从而将选择与对象相连。

下面是多边形挤出的重要方面：

① 如果鼠标光标位于选定多边形上，将会更改为"挤出"光标。

② 垂直拖动时，可以指定挤出的范围；水平拖动时，可以设置基本多边形的大小。

③ 选定多个多边形时，如果拖动任何一个多边形，将会均匀地挤出所有选定的多边形。

④ 激活"挤出"按钮时，可以依次拖动其他多边形，使其挤出。再次单击"挤出"或在活动视口中单击右键，可以结束操作。如图 2.122 所示。

（3）轮廓。用于增加或减小每组连续的选定多边形的外边。如图 2.123 所示。

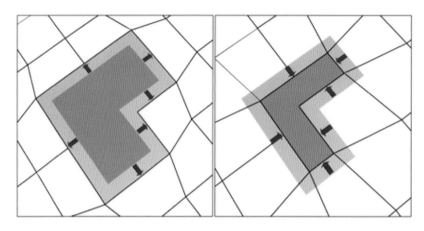

图 2.123　使用轮廓命令

执行挤出或倒角操作后，通常可以使用"轮廓"调整挤出面的大小。它不会缩放多边形，只会更改外边的大小。例如，在图 2.124 中，需注意内部多边形的大小应保持不变。

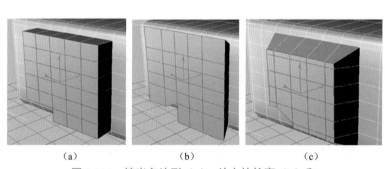

（a）　　　　　（b）　　　　　（c）

图 2.124　挤出多边形（a）、放大的轮廓（b）和
缩小的轮廓（c）

注意，内部多边形不会改变大小。

轮廓设置：打开"多边形加轮廓"助手，以便通过数值设置执行加轮廓操作。

（4）倒角。通过直接在视口中操纵执行手动倒角操作。单击"倒角"按钮，然后垂直拖动任何多边形，可将其挤出。释放鼠标按钮，然后垂直移动鼠标光标，以便设置挤出轮廓。单击以完成。

① 如果鼠标光标位于选定多边形上，将会更改为"倒角"光标。

② 选定多个多边形时，如果拖动任何一个多边形，将会均匀地倒角所有选定的多边形。

③ 激活"倒角"按钮时，可以依次拖动其他多边形，使其倒角。再次单击"倒角"或单击右键，以便结束操作。如图 2.125 所示。

图 2.122　显示挤出多边形的
切角长方体

挤出设置：打开"挤出多边形"助手，以便通过交互式操作执行挤出。

如果在执行挤出后单击该按钮，当前选定对象和预览对象上执行的挤出相同。此时，将会打开该对话框，其中"挤出高度"值被设置为最后一次手动挤出时的高度值。

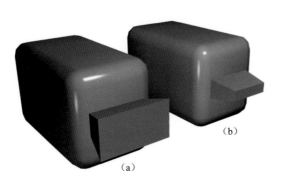

图 2.125　向外倒角的多边形（a）和
向内倒角的多边形（b）

倒角设置：打开"倒角"助手，以便通过交互式操作执行倒角处理。

如果在执行倒角操作之后单击此按钮，对当前选定内容和预览执行的倒角操作相同。此时将会打开该对话框，其中显示有以前倒角使用的相同设置。

（5）插入。执行没有高度的倒角操作，即在选定多边形的平面内执行该操作。单击此按钮，然后垂直拖动任何多边形，以便将其插入。

① 如果鼠标光标位于选定多边形上，将会更改为"插入"光标。

② 选定多个多边形时，如果拖动任何一个多边形，将会均匀地插入所有的选定多边形。

③ 当"插入"按钮处于活动状态时，可以依次拖动其他多边形以将其插入。要结束操作，则再次单击"插入"按钮或单击右键。如图 2.126 所示。

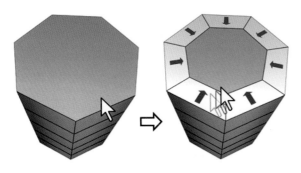

图 2.126　使用"插入"命令

"插入"可以在选定的一个或多个多边形上使用。同"轮廓"一样，只有外部边受到影响。

插入设置：打开"插入"助手，以便通过交互式操作插入多边形。

如果在执行手动插入后单击该按钮，对当前选定对象和预览对象上执行的插入操作相同。此时，将会打开该对话框，其中"插入量"被设置为最后一次手动插入时的量。

（6）桥。使用多边形的"桥"连接对象上的两个多边形或选定多边形。在"直接操纵"模式（即，无须打开"桥设置"对话框）下，使用"桥"的方法有两种：

① 在对象中选择两个单独的多边形，然后单击"桥"。此时，将立即使用当前的"桥"的设置创建桥，然后取消激活"桥"按钮。

② 如果不存在符合要求的选择（即，两个或多个离散的选定多边形），单击"桥"时会激活该按钮，并处于"桥"模式下。首先单击多边形，然后移动鼠标光标，此时将会显示一条连接鼠标光标和单击多边形的橡皮筋线。单击第二个多边形，以便桥接这两个多边形。此时，立即使用当前"桥"设置创建桥。"桥"按钮始终处于活动状态，以便用于连接多对多边形。要退出"桥"模式，右键单击活动视口，或者单击"桥"按钮。如图 2.127 所示。

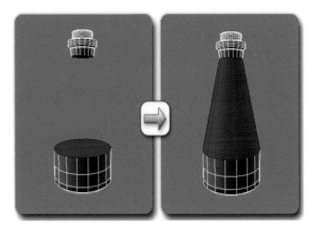

图 2.127　在"多边形"级别使用桥

注："桥"始终创建多边形对之间的直线连接。要沿着某种轮廓建立桥连接，须在创建桥后，根据需要应用建模工具。例如，桥接两个多边形，然后使用混合。

桥设置：打开"跨越多边形"助手，以便通过交互式操作连接选定的多边形对。

（7）翻转。翻转选定多边形的法线方向。

（8）从边旋转。通过在视口中直接操纵来执行手动旋转操作。选择多边形，并单击该按钮，然后沿着垂直方向拖动任何边，以便旋转选定多边形。如果鼠标光标在某条边上，光标将会更改为十字形状。如图 2.128 所示。

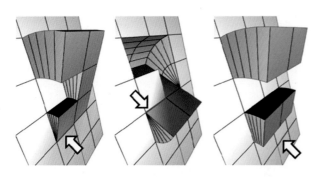

图 2.128　使用"从边旋转"命令

旋转边不必是选择的一部分，它可以是网格的任何一条边。另外，选择不必连续。

旋转多边形时，这些多边形将会绕着某条边旋转，然后创建形成旋转边的新多边形，从而将选择与对象相连。这是基本的挤出加旋转效果。例外情况是，如果旋转边属于选定多边形，将不会对边执行挤出操作。"从边旋转"的手动版本只适用于现有多边形选择。

提示：为了避免无意中绕着背面边旋转，启用"忽略背面"。

转枢设置：打开"从边旋转"助手，以便通过交互式操作旋转多边形。

如果在执行完手动旋转操作之后单击该按钮，将会打开该对话框，其中"角度"值被设置为最后一次手动旋转的范围。

（9）沿样条线挤出。沿样条线挤出当前的选定内容进行选择，单击"沿样条线挤出"→"样条线上挤出"，然后在场景中选择样条线。使用样条线的当前方向，可以沿该样条线挤出选定内容，就好像该样条线的起点被移动到当前选定的多边形或组的中心一样。如图 2.129 所示。

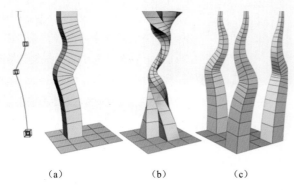

图 2.129　选择挤出单个面（a）、多个连续面（b）和
多个非连续面（c）

沿样条线挤出设置：打开"沿样条线挤出"助手，以便通过交互式操作沿样条线挤出。

（10）重复三角算法。允许 3ds Max 对当前选定的多边形自动执行最佳的三角剖分操作。如图 2.130 所示。

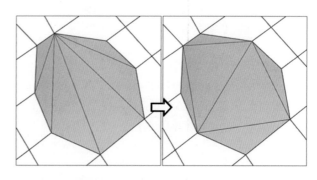

图 2.130　使用"重复三角算法"，可以尝试优化选定多边形细分为三角形的方式

（11）旋转。用于通过单击对角线修改多边形细分为三角形的方式。激活"旋转"时，对角线可以在线框和边面视图中显示为虚线。在"旋转"模式下，单击对角线可更改其位置。要退出"旋转"模式，则在视口中单击右键或再次单击"旋转"按钮。

在指定时间，每条对角线只有两个可用的位置，因此，连续单击某条对角线两次时，即可将其恢复到原始的位置处。但通过更改邻近对角线的位置，会为对角线提供另一个不同位置。

（12）材质 ID。"多边形：材质 ID"卷展栏如图 2.131 所示。

图 2.131　"多边形：材质 ID"卷展栏

① 设置 ID。用于向选定的多边形分配特殊的材质 ID 编号，以供与多维/子对象材质和其他应用一同使用。使用微调器或用键盘输入数字。可用的 ID 总数是 65 535。

② 选择 ID。选择与相邻 ID 字段中指定的"材质 ID"对应的多边形。键入或使用该微调器指定 ID，然

后单击"选择 ID"按钮。

如果向对象指定了多维 / 子对象材质，此下拉列表将显示子材质的名称。单击下拉箭头，然后从列表中选择某个子材质。此时，将会选中分配该材质的子对象。如果对象没有分配到"多维 / 子对象"材质，将不会提供名称列表。同样，如果选定的多个对象已经应用"编辑面片""编辑样条线"或"编辑网格"修改器，则名称列表将会处于非活动状态。

注：子材质名称是那些在该材质的"多维 / 子对象基本参数"卷展栏的"名称"列中指定的名称，这些名称不是在默认情况下创建的，因此，必须使用任意材质名称单独指定。

（13）清除选择。启用时，如果选择新的 ID 或材质名称，将会取消选择以前选定的所有子对象。禁用时，选定内容是累积结果，因此，新 ID 或选定的子材质名称将会添加到现有的面片或元素选择集中。默认设置为启用。

2.5.2 "软选择"卷展栏

"软选择"卷展栏控件允许部分地选择与当前选择邻接处的子对象。这将会使显式选择的行为就像被磁场包围了一样。在对子对象选择进行变换时，在场中被部分选定的子对象就会平滑地进行绘制。这种效果随着距离或部分选择的"强度"而衰减。如图 2.132 所示。

这种衰减在视口中表现为选择周围的颜色渐变，它与标准彩色光

图 2.132 "软选择"卷展栏

谱的第一部分相一致：ROYGB（红、橙、黄、绿、蓝）。红色子对象是显式选择的子对象。具有最高值的软选择子对象为红橙色，它与红色子对象有着相同的选择值，并以相同的方式对操纵做出响应。橙色子对象的选择值稍低一些，对操纵的响应不如红色和红橙顶点强烈。黄橙子对象的选择值更低，然后是黄色、绿黄等。蓝色子对象实际上是未选择，并不会对操纵做出响应，除了邻近软选择子对象需要的以外。

通常，可以通过设置参数然后选择子对象来按程序指定软选择。还可以明确地在多边形对象上"绘制"软选择。

默认情况下，软选择区域是球形的，而不考虑几何体结构。或者使用"边距离"选项将选择限制到连续面的顶点上。

如果子对象被传到了修改器堆栈上，并且"使用软选择"处于启动状态，变形对象的修改器结果（诸如"弯曲"和"变换"）就会受"软选择"参数值的影响。如图 2.133 所示。

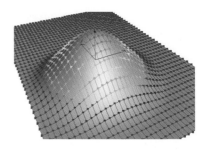

图 2.133 软选择颜色和周围区域的效果

1. 小盒中的"软选择"控件

选中可编辑多边形或"编辑多边形"对象时，"选择并操纵"工具即处于活动状态并启用"使用软选择"，还可在活动视口的特殊"操纵""小盒界面"中使用"衰减""收缩""膨胀"等控件：

单击主工具栏中的"选择并操纵"按钮 ✛。

在"顶点"和"边"子对象层级，操纵小盒中还会显示其他控件。如图 2.134 所示。

图 2.134 "软选择"的小盒控件
(a) 衰减；(b) 收缩；(c) 膨胀

2. 使用软选择

在可编辑对象或"编辑"修改器的子对象层级上进行影响"移动""旋转"和"缩放"功能的操作，如果在子对象选择上"变形"修改器，那么也会影响应用到对象上的"变形"修改器的操作。启用该选项后，3ds Max 会将样条线曲线变形应用到所变换的选择的周围未选定的子对象。要产生效果，必须在变换或修改选择之前启用该复选框。

（1）边距离。启用该选项后，将软选择限制到指定的面数，该选

择在进行选择的区域和软选择的最大范围之间。影响区域根据"边距离"空间沿着曲面进行测量，而不是真实空间。

在仅要选择几何体的连续部分时，此选项比较有用。例如，鸟的翅膀折回到它的身体，用"软选择"选择翅膀尖端会影响到身体顶点。但是如果启用了"边距离"，将该数值设置成要影响翅膀的距离（用边数），然后将"衰减"设置成一个合适的值。

（2）影响背面。启用该选项后，那些法线方向与选定子对象平均法线方向相反的、取消选择的面就会受到软选择的影响。在启用边和顶点子对象的情况下，这将应用到它们所依附的面的法线上。如果要操纵细对象的面，诸如细长方体，但又不想影响该对象其他侧的面，可以禁用"影响背面"。

注：在编辑样条线时，"影响背面"不可用。

（3）衰减。用于定义影响区域的距离，它是用当前单位表示的从中心到球体的边的距离。使用的衰减设置越高，就可以实现更平缓的斜坡，具体情况取决于几何体比例。默认设置为20。

注：用"衰减"设置指定的区域在视口中用图形的方式进行了描述，所采用的图形方式与顶点和/或边（或者用可编辑的多边形和面片，也可以是面）的颜色渐变相类似。渐变的范围为从选择颜色（通常是红色）到未选择的子对象颜色（通常是蓝色）。另外，在更改"衰减"设置时，渐变就会实时地进行更新。

注：如果启用了"边距离"，"边距离"设置就限制了最大的衰减量。

（4）收缩。沿着垂直轴提高并降低曲线的顶点。用于设置区域的相对"突出度"。为负数时，将生成凹陷，而不是点。设置为0时，收缩将跨越该轴生成平滑变换。默认值为0。

（5）膨胀。沿着垂直轴展开和收缩曲线。设置区域的相对"丰满度"。受"收缩"限制，该选项设置"膨胀"的固定起点。"收缩"设为0并且"膨胀"设为1.0将会产生最为平滑的凸起。"膨胀"为负数值，将在曲线下面移动曲线的底部，从而创建围绕区域基部的"山谷"。默认值为0。

（6）软选择曲线。以图形的方式显示"软选择"是如何进行工作的。可以试验一个曲线设置，将其撤销，然后再使用相同的选择尝试另一个设置。

（7）着色面切换。显示颜色渐变，它与软选择范围内面上的软选择权重相对应。只有在编辑面片和多边形对象时才可用。

如果禁用了可编辑多边形或可编辑面片对象的顶点颜色显示属性，单击"着色面切换"按钮将会启用"软选择颜色"着色。如果对象已经有了活动的"顶点颜色"设置，单击"着色面切换"将会覆盖上一个设置并将它更改成"软选择颜色"。

注：如果不想更改顶点颜色着色属性，可以使用"撤销"命令。

（8）锁定软选择。锁定软选择，以防止对按程序的选择进行更改。

使用"绘制软选择"会自动启用"锁定软选择"。如果在使用"绘制软选择"之后禁用该选项，则绘制的软选择将会丢失，并且不能通过"撤销"命令恢复。

（9）编辑软选择模式。除了在前面的部分中介绍的各种控件，还可以根据名为"编辑软选择模式"的"自定义用户界面"操作，使用各种交互式控件编辑视口中的软选择。此模式适用于下列功能集：

① 可编辑网格曲面。
② 可编辑多边形曲面。
③ 编辑网格修改器。
④ 编辑面片修改器。
⑤ 编辑多边形修改器。
⑥ 编辑样条线修改器。
⑦ HSDS 修改器。
⑧ 网格选择修改器。
⑨ 网格平滑。
⑩ 面片选择修改器。
⑪ 多边形选择修改器。
⑫ 投影修改器。
⑬ 体积选择修改器。

对于每个功能集，可从"自定义"菜单中打开"自定义用户界面"对话框，然后从"组"下拉列表中选择功能。默认情况下，对于大多数（并不是全部）功能集，"编辑软选择模式"键盘快捷键设为7。对于其他功能集（如"可编辑多边形"），必须使用"自定义用户界面"控件设置键盘快捷键。

（10）"绘制软选择"组。"绘制软选择"可以通过在选择上拖动鼠标来明确地指定、模糊或还原软选择。该功能在子对象层级上可以为"可编辑多边形"对象所用，也可以为应用了"编辑多边形"或"多边形选择"修改器的对象所用。如图2.135所示。

图2.135 绘制软选择

绘制软选择不明确选择子对象；绘制软选择值的范围是从橙色变为蓝色，而不是标准软选择中的红色变为蓝色。因此，一个可能的应用是使用标准方法创建法线，然后围绕它绘制软选择，否则将无法实现。例如，可以选择一列多边形，这通常会导致软选择多边形周围产生一个垂直椭圆形，然后使用"绘制"将软选择加宽至水平椭圆形（或其他任何形状）。

提示：使用"笔刷预设"工具可以简化绘制过程。

（11）绘制。在使用当前设置的活动对象上绘制软选择。在对象曲面上拖动鼠标光标，以绘制选择。

（12）模糊。用于软化现有的软选择区域的轮廓。

（13）恢复。使用当前设置还原对活动对象的软选择。在对象曲面上拖动鼠标光标，以还原选择。

注："还原"仅会影响绘制的软选择，而不会影响正常意义上的软选择。同样，"还原"仅使用"笔刷大小"和"笔刷强度"设置，而不是"选择值"设置。

（14）选择值。绘制的软选择的最大相对选择值。笔刷半径内，周围顶点的值会趋向于 0 衰减。默认设置为 1.0。

（15）笔刷大小。用以设置选择的圆形笔刷的半径。

（16）笔刷强度。高的强度值可以快速地达到完全值，而低的强度值需要重复地应用才可以达到完全值。

（17）笔刷选项。打开"绘制选项"对话框，该对话框中可以设置笔刷的相关属性。

2.5.3　"编辑几何体"卷展栏

"编辑几何体"卷展栏提供了用于在顶（对象）层级或子对象层级更改多边形对象几何体的全局控件。除在以下说明中注明的以外，这些控件在所有层级均相同。如图 2.136 所示。

1. 重复上一个

重复最近使用的命令。

例如，如果挤出某个多边形，并要对几个其他边界应用相同的挤出效果，则单击"重复上一个"。如图 2.137 所示。

注："重复上一个"不会重复执行所有操作。例如，它不重复变换。要确定单击该按钮时将重复执行哪个命令，须在"命令"面板上查看"重复上一个"按钮的工具提示，其中显示了可重复执行的上个操作的名称。如果没有出现工具提示，单击此按钮时不会发生什么情况。

图 2.136　"编辑几何体"卷展栏

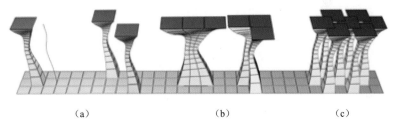

（a）　　　　　　（b）　　　　　　（c）

图 2.137　可以将一个多边形的样条线挤出，并重复应用于其他单独的多边形，包括：（a）多个选定多边形；（b）连续多边形；（c）非连续的多边形

2. 约束

可以使用现有的几何体约束子对象的变换，如图 2.138 所示。选择约束类型：

① 无：没有约束。这是默认选项。

② 边：约束子对象到边界的变换。

③ 面：约束子对象到单个面曲面的变换。

④ 法线：约束每个子对象到其法线（或法线平均）的变换。大多数情况下，会使子对象沿着曲面垂直移动。

从而约束了推力修改器等的工作，包括在未修改的基准法线上执行操作。其不支持编辑法线。

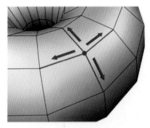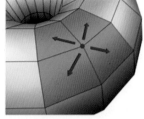

图 2.138　使用约束命令

当设置为"边"时，移动顶点会使它沿着现存的其中一条边滑动，具体是哪条边取决于变换方向。如果设置为"面"，那么顶点移动只发生在多边形的曲面上。

注：可以在"对象"层级设置约束。但是，其用法主要与子对象层级相关。"约束"设置继续适用于所有子对象层级。

3. 保持 UV

启用此选项后，可以编辑子对象，而不影响对象的 UV 贴图。可选择是否保持对象的任意贴图通道。默认设置为禁用状态。

如果不启用"保持 UV"，对象的几何体与其 UV 贴图之间始终存在直接对应关系。例如，如果为一个对象贴图，然后移动了顶点，那么不管需要与否，纹理都会随着子对象移动。如果启用"保持 UV"，可执行少数编辑任务而不更改贴图。如图 2.139 所示。

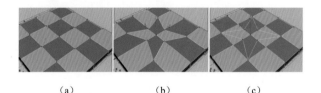

(a)　　　　　　(b)　　　　　　(c)

图 2.139　保持 UV

（a）具有纹理贴图的原始对象；
（b）禁用"保持 UV"时缩放的顶点；
（c）启用"保持 UV"时缩放的顶点

提示：要在顶点层级得到"保持 UV"的最好功效，可以对有限区域内的顶点使用它。例如，在边或面约束内移动顶点时，通常没有困难。另外，最好一次执行较大移动，而不是多次执行较小移动，因为多次小移动会使贴图扭曲。但是，如果需要在保持贴图时执行广泛的几何体编辑操作，可使用"通道信息"工具。

保留 UV 设置：打开"保持贴图通道"对话框，从中可以指定要保留的顶点颜色通道和 / 或纹理通道（贴图通道）。默认情况下，所有顶点颜色通道都处于禁用状态（未保持），而所有的纹理通道都处于启用状态（保持）。

4. 创建

此选项用于创建新的几何体。此选项的使用方式取决于活动的级别。

（1）对象、多边形和元素层级。通过单击现有顶点或新顶点，在活动视口中添加多边形。

（2）顶点层级。通过单击活动视口中的任意位置，将顶点添加到单个选定的多边形对象。

（3）边和边界层级。在同一多边形上不相邻的顶点之间添加边。

5. 塌陷（仅限于"顶点""边""边框"和"多边形"层级）

通过将其顶点与选择中心的顶点焊接，使连续选定子对象的组产生塌陷。如图 2.140 和图 2.141 所示。

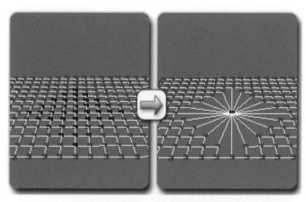

图 2.140　在顶点层级上使用塌陷

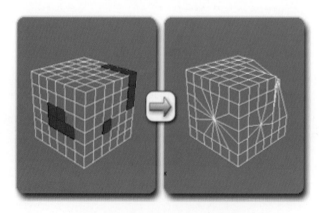

图 2.141　在多边形层级上使用塌陷

6. 附加

使场景中的其他对象属于选定的多边形对象。激活"附加"后，单击一个对象可将其附加到选定对象。此时"附加"仍处于活动状态，因此可继续单击对象，以附加它们。若要退出该功能，可右键单击活动视口或再次单击"附加"按钮。

可以附加任何类型的对象，包括样条线、面片对象和 NURBS 曲面。附加非网格对象时，可以将其转化成可编辑多边形格式。通常，每个附加对象都成为多边形对象的一个元素。

附加列表可以将场景中的其他对象附加到选定网格。单击打开"附加列表"对话框，该对话框与从场景选择类似，可用于选择多个要附加的对象。如图 2.142 所示。

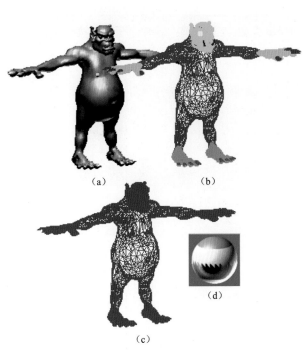

图 2.142　模型的明暗处理视图（a）、模型的线框视图（b）、带有附加对象的模型（c）和后续多维 / 子对象材质（d）

附加对象时，对象的材质将按以下方式进行组合：

如果正在附加的对象没有指定材质，会继承它们要附加到的对象的材质。

同样，如果附加到的对象没有材质，也会继承与其连接的对象的材质。

如果两个对象都有材质，生成的新材质是包含输入材质的多维 / 子对象材质。此时，将会显示一个对话框，其中提供了三种组合对象材质和材质 ID 的方法。

"附加"可以在所有子对象层级保持活动状态，但始终适用于对象。如图 2.143 所示。

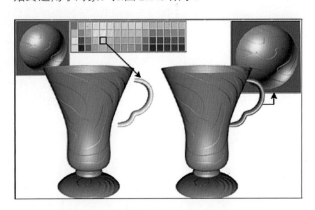

图 2.143　控制柄继承附加到的杯子的材质

7. 分离（仅限于子对象层级）

将选定的子对象和关联的多边形分隔为新对象或元素。

对于"可编辑多边形"对象，当单击"分离"时，软件会提示选择"分离"对话框中指定的选项。对于"编辑多边形"对象，"修改"面板上的"分离"会自动使用"分离"对话框中的设置。若要更改这些设置，可单击"分离设置"。

分离设置：打开"分离"对话框，从中可以设定多个选项。只有"编辑多边形"对象才可使用此对话框；对于"可编辑多边形"对象，此对话框将在单击"分离"时自动打开。

8. 切割和切片组

使用这些类似小刀的工具，可以沿着平面（切片）或在特定区域（切割）内细分多边形网格。

（1）切片平面（仅限子对象层级）。为切片平面创建 Gizmo，可以定位和旋转它，来指定切片位置。同时，启用"切片"和"重置平面"按钮，单击"切片"，可在平面与几何体相交的位置创建新边。

如果从功能区使用"切片平面"，则可在"切片模式"上下文面板上使用"切片""分割"和"重置平面"控件。

如果"捕捉"处于禁用状态，那么在转换切片平面时，会看到切片的预览。要执行切片操作，可单击"切片"按钮。

注：在"多边形"或"元素"子对象层级，"切片平面"只会影响选定的多边形。对整个对象执行切片操作时，可在任一其他子对象层级或对象层级使用"切片平面"。

（2）分割。启用时，通过"快速切片"和"切割"

操作，可以在划分边的位置处的点上创建两个顶点集。这样，便可轻松地删除要创建孔洞的新多边形，还可以将新多边形作为单独的元素设置动画。

（3）切片（仅限子对象层级）。在切片平面位置处执行切片操作。只有启用"切片平面"时，才能使用该选项。该工具对多边形执行切片处理的操作与切片修改器的"操作于：多边形"模式相同。如图2.144所示。

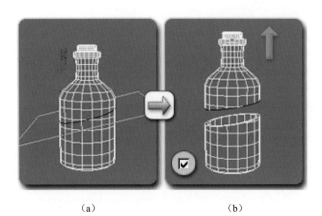

(a)　　　　　　　　(b)

图 2.144　使用切片（a）和切片并移开碎片之后（b）

（4）重置平面（仅限子对象层级）。将"切片"平面恢复到其默认位置和方向。只有启用"切片平面"时，才能使用该选项。

（5）快速切片。可以将对象快速切片，而不操纵Gizmo。进行选择，并单击"快速切片"，然后在切片的起点处单击一次，再在其终点处单击一次。激活命令时，可以继续对选定内容执行切片操作。

要停止切片操作，可在视口中单击右键，或者重新单击"快速切片"将其关闭。如图2.145所示。

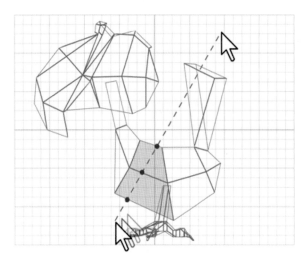

图 2.145　使用快速切片命令

启用"快速切片"时，可以使用任何视口绘制一条通过网格的线，包括"透视"和"摄影机"视图。移动线的端点时，可以交互式地对网格执行切片操作。

注：在"对象"层级，"快速切片"会影响整个对象。要只对特定的多边形执行切片操作，可在"多边形"子对象层级对选定的多边形使用"快速切片"。

在"多边形"或"元素"子对象层级，"快速切片"只能影响选定的多边形。要对整个对象执行切片操作，可在其他任何子对象层级或对象层级使用"快速切片"。

（6）剪切。用于创建一个多边形到另一个多边形的边，或在多边形内创建边。单击起点，并移动鼠标光标，然后再单击，再移动和单击，以便创建新的连接边。单击右键退出当前切割操作，然后可以开始新的切割，或者再次单击右键退出"切割"模式。

切割时，鼠标光标图标会变为显示位于其下的子对象的类型，当单击时，会对该子对象执行切割操作。图2.146显示了三种不同的光标图标。

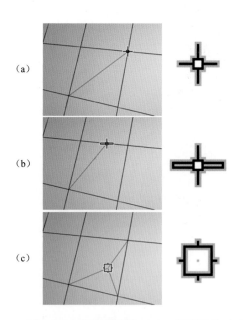

图 2.146　切割至顶点（a）、切割至边（b）和
切割至多边形（c）

"切割"可以在对象层级和所有子对象层级使用。

注：可以一起使用"切割"和"转动"，以提高工作效率。

提示：使用切割（在单击之间）时，能以交互方式导航视口，如下所示：

① 若要平移视口，可滚动鼠标滚轮或使用鼠标中

键进行拖动。

② 若要环绕视口，可按住 Alt 键的同时滚动鼠标滚轮，或使用鼠标中键进行拖动。

③ 若要缩放视口，可滚动鼠标滚轮或按住 Alt+Ctrl 组合键并按住鼠标中键前后拖动。

9. 网格平滑

此选项的作用是使用当前设置平滑对象。此命令使用细分功能，它与"网格平滑"修改器中的"NURMS 细分"类似。但是与"NURMS 细分"不同的是，它能即时将平滑应用到控制网格的选定区域。如图 2.147 所示。

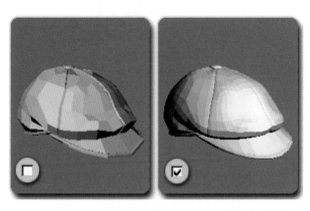

图 2.147 用"NURMS 细分"平滑少面数多边形对象

网格平滑设置：打开"网格平滑"小盒，从中可以指定平滑的应用方式。

10. 细化

根据细化设置细分对象中的所有多边形。

增加局部网格密度和建立模型时，可以使用细化功能。可以对选择的任何多边形进行细分。两种细化方法为"边"和"面"。

细化设置：打开"细化"小盒，从中可以指定网格的细分方式。

11. 平面化

强制所有选定的子对象成为共面。该平面的法线是选择的平均曲面法线。

在"对象"层级，强制对象中所有的顶点成为共面。

提示："平面化"的一种应用是，制作对象的平面。通常需要使用连续的选择集。如果选择集包括对象各个部分中的顶点，仍然可以使这些顶点平面化，但是该几何体其余部分的扭曲效果除外。

12. X/Y/Z 视图对齐

平面化选定的所有子对象，并使该平面与对象的局部坐标系中的相应平面对齐。例如，使用的平面是与按钮轴相垂直的平面，因此，单击"X"按钮时，可以使该对象与 YZ 平面对齐。

13. 视图对齐

使对象中的所有顶点与活动视口所在的平面对齐。在子对象层级，此功能只会影响选定顶点或属于选定子对象的那些顶点。

在正交视口中，主栅格处于激活状态时，对齐到视图与对齐到构建栅格的效果相同。与"透视"视口（包括"摄影机"和"灯光"视图）对齐时，会将顶点重定向至一个与摄影机的查看平面平行的平面。该平面与距离顶点的平均位置最近的查看方向垂直。如图 2.148 所示。

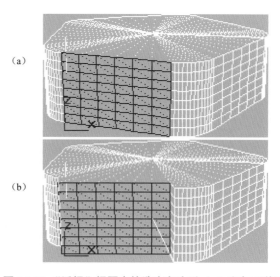

图 2.148 "透视"视图中的选定多边形（a）和与"前"视图对齐的相同多边形（b）

14. 栅格对齐

将选定对象中的所有顶点与当前视图的构造平面对齐，并将其移动到该平面上。在子对象层级，只影响选定的子对象。

该命令用于使选定的顶点与当前的构造平面对齐。当主栅格处于活动状态时，当前构造平面由活动视口指定。例如，如果前视口处于活动状态，"栅格对齐"使用 XZ 平面。当透视视口（例如，摄影机视口）处于活动状态时，"栅格对齐"使用主栅格。使用栅格对象时，当前平面是活动的栅格对象。

15. 松弛

使用"松弛"设置将"松弛"功能应用于当前选择。"松弛"可以规格化网格空间，方法是朝着邻近对象的平均位置移动每个顶点。其工作方式与"松弛"修改器相同。

在对象层级，可以将"松弛"应用于整个对象；在子对象层级，"松弛"只会应用于当前选定的对象。

松弛设置：打开"松弛"小盒，从中可以指定"松弛"功能的应用方式。

16. 命名选择（仅限于子对象层级）

用于复制和粘贴对象之间的子对象的命名选择集。首先，创建一个或多个命名选择集，复制其中一个，选择其他对象，并转到相同的子对象层级，然后粘贴该选择集。

注：该功能使用的是子对象 ID，因此，如果目标对象的几何体与源对象的几何体不同，则粘贴的选定内容可能会包含不同的子对象集。

（1）复制。打开一个对话框，使用该对话框，可以指定要放置在复制缓冲区中的命名选择集。

（2）粘贴。从复制缓冲区中粘贴命名选择集。

（3）删除孤立顶点（仅限于边、边框、多边形和元素层级）。启用时，在删除连续子对象时删除孤立顶点。禁用时，删除子对象会保留所有顶点。默认设置为启用。

17. 完全交互（仅限于可编辑多边形）

切换"快速切片"和"切割"工具的反馈级别，以及所有设置对话框和助手。仅限于可编辑多边形对象使用，但编辑多边形修改器不可使用。

启用此选项（默认设置）后，如果使用鼠标操纵工具或更改数值设置，3ds Max 将对视口进行实时更新。使用"切割"和"快速切片"时，如果禁用"完全交互"，则在单击之前将只显示橡皮带线。同样，如果使用相应助手中的数值设置，则只有在更改设置后释放鼠标按钮时，才会显示最终结果。

"完全交互"的状态不会影响使用键盘对数值设置进行更改。无论启用该选项还是禁用该选项，只有通过按 Tab 或 Enter 键，或者在对话框中单击其他控件退出该字段时，该设置才能生效。

2.5.4 "细分曲面"卷展栏（多边形网格）

将细分应用于采用网格平滑格式的对象，以便对分辨率较低的"框架"网格进行操作，同时查看更为平滑的细分结果。该卷展栏既可以在所有子对象层级使用，也可以在对象层级使用。因此，会影响整个对象。如图 2.149 所示。

图 2.149 "细分曲面"卷展栏

1. 平滑结果

对所有的多边形应用相同的平滑组。

2. 使用 NURMS 细分

此选项的功能是通过 NURMS 方法应用平滑。NURMS 在"可编辑多边形"和"网格平滑"中的区别在于，后者可以使用户有权控制顶点，而前者不能。

使用"显示"和"渲染"组中的"迭代次数"控件，可以对平滑角度进行控制。

注：只有启用"使用 NURMS 细分"时，该卷展栏中的其余控件才生效。

3. 等值线显示

启用该选项后，3ds Max 仅显示等值线，即对象在进行光滑处理之前的原始边缘。使用此项的好处是减少混乱的显示。禁用该选项后，3ds Max 将会显示使用 NURMS 细分添加的所有面，因此，"迭代次数"设置越高，生成的行数越多。默认设置为启用。如图 2.150 所示。

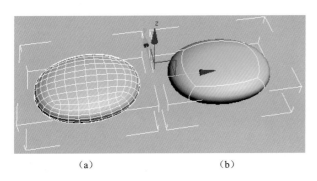

（a）　　　　　　　　　　（b）

图 2.150　禁用"等值线显示"（a）和启用"等值线显示"（b）的平滑长方体

注：对"可编辑多边形"对象应用修改器时，将会取消"等值线显示"选项的效果；线框显示会转为显示对象中的所有多边形。但是，使用"网格平滑"修改器并非总会出现上述情况。大多数变形和贴图修改器可以保持等值线显示，但是其他修改器，如选择修改器（"体积选择"除外）和"转换为 ..."修改器，可以使内边显示。

4. 显示框架

在修改或细分之前，切换显示可编辑多边形对象的两种颜色线框。框架颜色显示为复选框右侧的色样。第一种颜色表示未选定的子对象，第二种颜色表示选定的子对象。通过单击其色样来更改颜色。如图 2.151 所示。

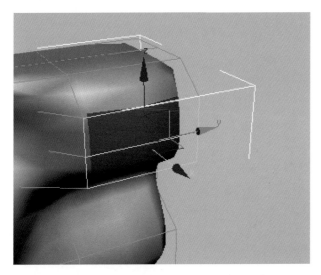

图 2.151　该框架显示编辑对象的原始结构

通常，该功能与"NURMS 细分"功能或"网格平滑"修改器结合使用，因为这便于轻松切换非平滑基本对象的显示，还便于查看平滑结果。除此之外，它还可以与任何修改器一起使用。与修改器一起使用时，可启用"显示最终结果"，使"显示框架"可用。

提示：与"对称"修改器一起使用时，"显示框架"尤其有用。

5. "显示"组

（1）迭代次数。设置平滑多边形对象时所用的迭代次数。每个迭代次数都会使用上一个迭代次数生成的顶点生成所有多边形。范围为 0 ~ 10。

禁用"渲染"组中的"迭代次数"复选框时，此设置不仅可以在视口中控制迭代次数，也可以在渲染时控制迭代次数。启用该复选框时，此设置只能在视口中控制迭代次数。

警告：增加迭代次数时要格外谨慎。对每个迭代次数而言，对象中的顶点和多边形数（和计算时间）可以增加为原来的四倍。对平均适度的复杂对象应用四次迭代，要花费很长时间进行计算。若要停止计算，并恢复为上一次的迭代次数设置，可按 Esc 键。

（2）平滑度。确定添加多边形使其平滑前转角的尖锐程度。如果值为 0.0，将不会创建任何多边形；如果值为 1.0，将会向所有顶点中添加多边形，即使位于同一个平面，也是如此。

禁用"渲染"组中的"平滑度"复选框时，此设置不仅可以在视口中控制平滑度，也可以在渲染时控制平滑度。启用该复选框时，此设置只能在视口中控制平滑度。

6. "渲染"组

渲染时，将不同数目的平滑迭代次数和 / 或不同的"平滑度"值应用于对象。

提示：建立模型时，可使用较少的迭代次数和 / 或较低的"平滑度"值；渲染时，可使用较高的值。这样，可在视口中迅速处理低分辨率对象，同时生成更平滑的对象以供渲染。

（1）迭代次数。用于另外选择一个要在渲染时应用于对象的平滑迭代次数。启用"迭代次数"，然后使用其右侧的微调器设置迭代次数。

（2）平滑度。用于另外选择一个要在渲染时应用于对象的平滑度值。启用"平滑度"，然后使用其右侧的微调器设置平滑度的值。

7. "分隔方式"组

（1）平滑组。防止在面间的边处创建新的多边形。其中，这些面至少共享一个平滑组。

（2）材质。防止为不共享"材质 ID"的面间的边创建新多边形。

8."更新选项"组

设置手动或渲染时更新选项。适用于平滑对象的复杂度过高而不能应用自动更新的情况。

提示：也可使用"渲染"组中的"迭代次数"设置，以设置一个仅在渲染时应用的较高平滑度。

选择更新网格的方式：

（1）始终：在更改任意"平滑网格"设置时自动更新对象。

（2）渲染时：只在渲染时更新对象的视口显示。

（3）手动：直到单击"更新"按钮，更改的任何设置才会生效。

9. 更新

更新视口中的对象，使其与当前的"网格平滑"设置仅在选择"渲染"或"手动"时才起作用。

2.5.5 "细分置换"卷展栏（多边形网格）

指定用于细分可编辑多边形对象的曲面近似设置。如图 2.152 所示。这些控件的工作方式与 NURBS 曲面的设置近似相同。对可编辑多边形对象应用置换贴图时，会使用这些控件。

注：这些设置与"细分曲面"卷展栏设置的不同之处在于：虽然后者与网格应用于相同的修改器堆栈层级，但当网格用于渲染时，细分置换始终应用于该堆栈的顶部。因此，举个例子，将对称修改器应用到使用曲面细分的对象，只会影响已细分的网格，不会影响仅使用细分置换的对象。

提示：默认情况下，细分置换

只有在对对象进行渲染时才可见。若要在视口中查看置换的结果，可应用"置换网格修改器"。

图 2.152　细分置换

启用时，可以使用在"细分预设"和"细分方法"组中指定的方法和设置，将多边形进行细分，以精确地置换多边形对象。禁用时，如果移动现有的顶点（方法同"位移"修改器），多边形将会发生位移。默认设置为禁用。

注：在功能区上，可通过"细分"面板→"使用置换"按钮使用此控件。

1. 分割网格

其影响位移多边形对象的接缝，也会影响纹理贴图。启用时，会将多边形对象分割为多个多边形，然后使其发生位移，这有助于保留纹理贴图。禁用时，会对多边形进行分割，还会使用内部方法分配纹理贴图。默认设置为启用。

提示：由于存在着建筑方面的局限性，该参数需要采用置换贴图的使用方法。启用"分割网格"通常是一种较为理想的方法。但是，

使用该选项时，可能会使面完全独立的对象（如长方体，甚至球体）产生问题。长方体的边向外发生置换时，可能会分离，使其间产生间距。如果没有禁用"分割网格"，球体可能会沿着纵向边（可以在"顶"视图中创建的球体后部找到）分割。但是，禁用"分割网格"时，纹理贴图将会工作异常。因此，可能需要添加"位移网格"修改器，再制作该多边形的快照。然后应用"UVW 贴图"修改器，再向位移快照多边形重新分配贴图坐标。

2."细分预设"组和"细分方法"组

这两个设置决定在启用"细分置换"的情况下，3ds Max 以何种方式应用置换贴图。它们与"曲面近似"卷展栏上用于 NURBS 曲面的"细分"置换相同。

2.5.6 "绘制变形"卷展栏（多边网格）

"绘制变形"可以推、拉或者在对象曲面上拖动鼠标光标来影响顶点。在对象层级上，"绘制变形"可以影响选定对象中的所有顶点；在子对象层级上，它仅会影响选定顶点（或属于选定子对象的顶点）及识别软选择。

1."编辑多边形"→"可编辑多边形"对象→"绘制变形"卷展栏

默认情况下，变形会发生在每个顶点的法线方向。3ds Max 会继续将顶点的原始法线用作变形的方向，但对于更动态的建模过程，可以选择使用更改的法线方向，甚至可以沿特定轴进行变形。如图 2.153

所示。

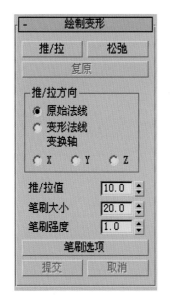

图 2.153 "绘制变形"卷展栏

注："绘制变形"不可以设置动画。

提示：通过使用"笔刷预设"工具可以简化绘制进程。

"绘制变形"有三种操作模式："推 / 拉""松弛"和"复原"。一次只能激活一个模式。剩余的设置用于控制处于活动状态的变形模式的效果。

操作方法：选择任何一个模式，必要的情况下更改设置，然后在对象上拖动光标，以绘制变形。

保持在对象层级上，或在没有选择子对象时在子对象层级上进行绘制，可以在对象的任何区域绘制变形。

转到子对象层级，然后在要变形的区域选择子对象，则仅在变形对象上的特定区域绘制变形。

2. 推 / 拉

将顶点移入对象曲面内（推）或移出曲面外（拉）。推拉的方向和范围由"推 / 拉值"设置所确定。

提示：要在绘制时反转"推 / 拉"

方向，可以按住 Alt 键。

注："推 / 拉"支持随软选择子对象的选择值而衰退的有效力量中的软选择。

3. 松弛

将每个顶点移到由它的邻近顶点平均位置计算出来的位置上，来规格化顶点之间的距离。"松弛"使用与"松弛"修改器相同的方法。

使用"松弛"可以将靠得太近的顶点推开，或将离得太远的顶点拉近。

4. 复原

通过绘制可以逐渐"擦除"或反转"推 / 拉"或"松弛"的效果。仅影响从最近的"提交"操作开始变形的顶点。如果没有顶点可以复原，"复原"按钮就不可用。

提示：在"推 / 拉"模式或"松弛"模式中绘制变形时，可以按住 Ctrl 键，以暂时切换到"复原"模式。

5. "推 / 拉方向"组

此设置用于指定对顶点的推或拉是根据原始法线或变形法线进行，还是沿着指定轴进行。默认设置为"原始法线"。

用"原始法线"绘制变形通常会沿着源曲面的垂直方向来移动顶点；使用"变形法线"会在初始变形之后向外移动顶点，从而产生吹动效果。

（1）原始法线。选择此项后，对顶点的推或拉会使顶点以它变形之前的法线方向进行移动。重复应用"绘制变形"，总是将每个顶点沿它最初移动时的方向进行移动。

（2）变形法线。选择此项后，对顶点的推或拉会使顶点沿它现在的法线（即变形之后的法线）方向进行移动。

（3）变换轴 X/Y/Z。选择此项

后，对顶点的推或拉会使顶点沿着指定的轴进行移动，并使用当前的参考坐标系。

6. 推 / 拉值

确定单个推 / 拉操作应用的方向和最大范围。正值将顶点"拉"出对象曲面，而负值将顶点"推"入曲面。默认设置为 10.0。

单个的应用是指不松开鼠标按键进行绘制（即，在同一个区域上拖动一次或多次）。

提示：在进行绘制时，可以使用 Alt 键在具有相同值的推和拉之间进行切换。例如，如果拉的值为 8.5，按住 Alt 键可以进行值为 −8.5 的推操作。

7. 笔刷大小

设置圆形笔刷的半径。只有笔刷圆内的顶点才可以变形。默认设置为 20.0。

提示：要交互式地更改笔刷的半径，可以松开鼠标按键，按住 Shift+Ctrl 组合键和鼠标左键，然后拖动鼠标。此方法同样适用于 3ds Max 中所有其他绘制界面功能，如"蒙皮"→"绘制权重"和"顶点绘制"。

8. 笔刷强度

设置笔刷应用"推 / 拉值"的速率。低的"强度"值应用效果的速率要比高的"强度"值来得慢。范围从 0.0 到 1.0。默认设置为 1.0。

提示：要交互式地更改笔刷的强度，可以松开鼠标按键，按住 Shift+Alt 组合键和鼠标左键，然后拖动鼠标。此方法同样适用于 3ds Max 中所有其他绘制界面功能，如"蒙皮"→"绘制权重"和"顶点绘制"。

9. 笔刷选项

单击此按钮以打开"绘制选项"

对话框，在该对话框中可以设置各种笔刷相关的参数。

10. 提交

此选项使变形的更改永久化，将它们"烘焙"到对象几何体中。在使用"提交"后，就不可以再将次"复原"应用到更改上了。

11. 取消

取消自最初应用"绘制变形"以来的所有更改，或取消最近的"提交"操作。

第 3 章
基本物体建模（建筑模型）

学习目标

● 建模思路解析。

● 掌握标准基本体、扩展基本体的创建与参数设置。

● 了解 3ds Max 的模型创建制作流程。

● 熟悉多种风格模型的制作标准与方法。

　　三维模型主要是通过标准基本体、扩展基本体组合创建而成的，它是所有模型的基础。本章节重点介绍高级建模，利用三维基础模型的再加工、编辑命令的转换等，达到不同模型需求及合格模型效果。

※ 3.1 （案例）植物模型的制作

3.1.1　VR 模型——植物实例解析

在春暖花开的季节，室外的景象是特别优美的，绿草植物非常漂亮地出现在我们的视线中，给予设计师们最好的体验和许多的设计灵感！

绿油油的植物为世间的万物增添许多的生机，也有着多种多样的美。如图 3.1 所示。

（c）

（a）

（d）

图 3.1　三维植物模型赏析（续）

那么，在 3ds Max 中植物是怎么制作的呢？

在 VR 模型的制作过程中，大多采用 polygon 方式。随着 3ds Max 功能的增强，使用其他方法也比较常见。无论建模方法如何变换，VR 游戏模型都是有其基本要求的：

① 充分考虑模型的基本结构、可视视角和比例大小来制作模型。

② 合理使用模型面数，将面数尽量使用在细节较多的位置。

③ 尽量在模型底面和其他不常见位置减少面数的使用。

④ 在制作过程中要充分考虑不同材质及结构的分

（b）

图 3.1　三维植物模型赏析

配。对于不同的材质部分的模型，要考虑其衔接的方式和组合的方式，如是否是一体模型、是否在结构上是以穿插方式组合的，这些都需要在模型的制作时加以明确和夸张。

1. 单位设置的重要作用

单位设置在 VR 模型制作中起着至关重要的作用。当体验者使用 VR 设备进行沉浸式体验时，合理的模型比例尺寸能够使体验者产生直接接触的虚拟视觉效果。

2. 单位设置方法

打开 3ds Max，首先将系统单位统一改为厘米，这样对于后期合并场景有很大便利，不至于出现单位不统一、比例不统一等基础问题。

单位设置：单击"自定义"→"单位设置"。在没有特殊要求的情况下，单位设为厘米。如图 3.2 所示。

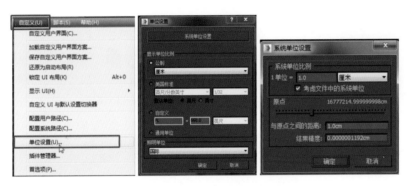

图 3.2 单位设置

3.1.2 植物模型的创建

如图 3.3 和图 3.4 所示，盆栽是采用 polygon 创建模型方式的实例。

图 3.3 盆栽参考图

图 3.4 盆栽布线图

1. 花盆的创建

（1）将 3ds Max 切换到最大视窗（快捷键 Alt+W），去掉 3ds Max 中的网格（G 键），切换到顶视图，单击"创建" ■面板→"圆柱体"，在顶视图中创建模型，并设置半径 =20 cm、高度 =50 cm、高度分段 =5、端面分段 =1、边数 =12 等参数（如图 3.5 所示），转换为可编辑多边形（鼠标右键）。如图 3.6 所示。

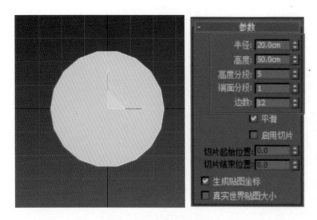

图 3.5　创建圆柱体

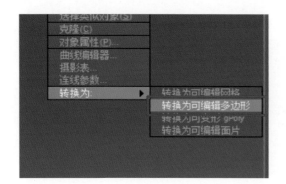

图 3.6　转换为可编辑多边形

（2）切换为"前"视图，单击"修改"命令面板
，选择"点"级别，调整模型造型（如图 3.7 所示），
注意花盆造型一般为中间大、两头小。如图 3.8 所示。

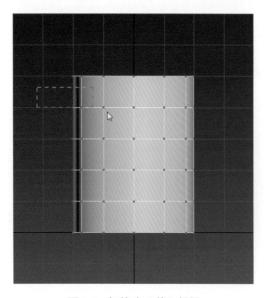

图 3.7　切换为"前"视图

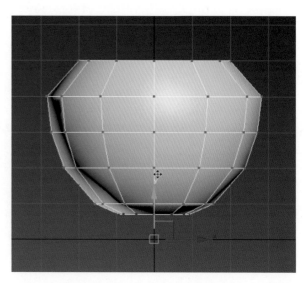

图 3.8　使用"点"级别调整模型造型

（3）单击"修改"命令面板，使用"面"级别
，选中模型底部面，执行"挤出"命令（鼠标右键），
创建出花盆脚。如图 3.9 ～图 3.11 所示。

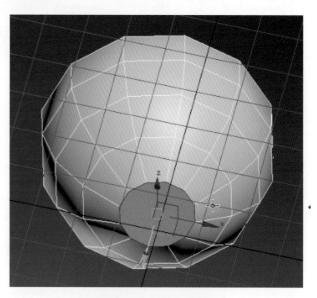

图 3.9　选中模型底部

图 3.10　执行"挤出"命令

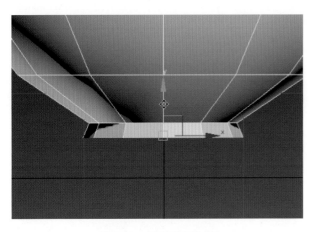

图 3.11　创建出花盆脚

（4）继续执行"插入"命令（鼠标右键），创建出花盆底部的厚度，再创建花盆脚底部的厚度。如图 3.12 和图 3.13 所示。

图 3.12　执行"插入"命令

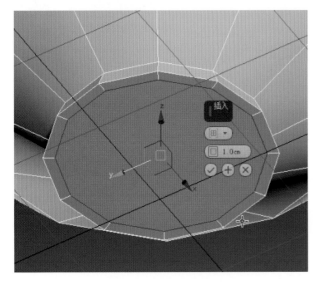

图 3.13　创建花盆脚底部的厚度

（5）再次选择"挤出"命令（鼠标右键），将命令数值调整为负数（就会产生凹陷效果）。如图 3.14 和

图 3.15 所示。

图 3.14　执行"挤出"命令

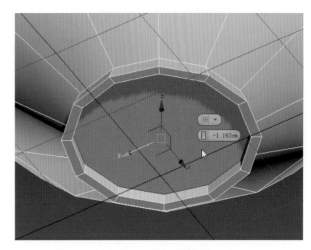

图 3.15　产生凹陷效果

（6）接下来制作花盆顶面的厚度。使用"面"级别，选中顶面，选择"插入"命令（鼠标右键），创建花盆顶面的厚度。如图 3.16 和图 3.17 所示。

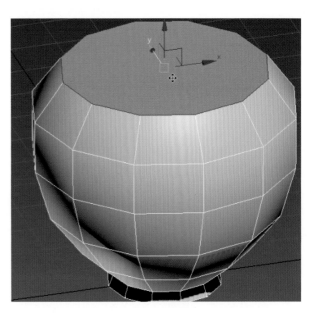

图 3.16　选中顶面

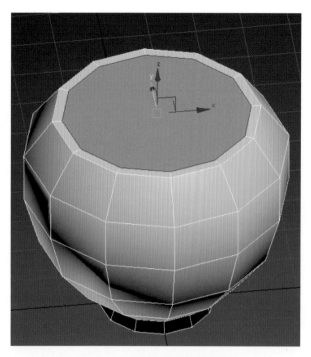

图 3.17　创建花盆顶面的厚度

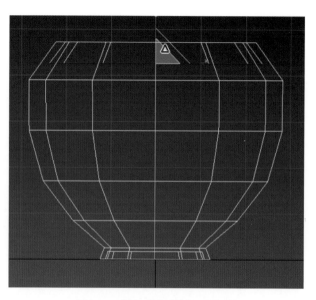

图 3.19　根据外部曲线适当调整

（8）由于盆栽中的泥土本身的质感不同，所以可以考虑将泥土进行独立制作。

选中顶部面，执行右侧命令面板"分离"命令，将面独立分离成另一个物体，用来制作花盆中的泥土。如图 3.20 和图 3.21 所示。

（7）执行"挤出"命令（鼠标右键），调整出内部空间感。转换为"前"视图，将内部空间根据外部曲线适当调整。如图 3.18 和图 3.19 所示。

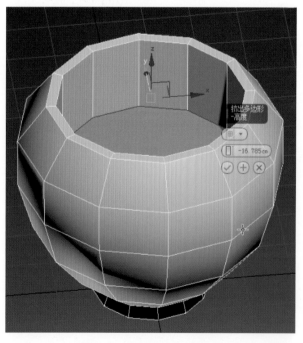

图 3.18　调整出内部空间感

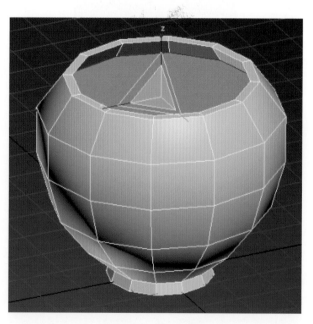

图 3.20　选中顶部面

图 3.21 执行"分离"命令

（9）选中准备用于制作泥土的模型（上一步分离出来的面），执行"隐藏未选定对象"（鼠标右键），将模型独立显示。如图 3.22 和图 3.23 所示。

图 3.22 隐藏未选定对象

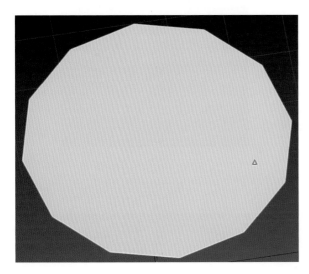

图 3.23 将模型独立显示

（10）由于泥土的面相对来说是不规则的，所以需要在模型上适当增加面数并调整，制造出不规则感。

在"修改"命令面板 中，选择"点"级别 ，

执行"剪切"命令（鼠标右键），将模型进行"井字形"布线。如图 3.24 所示。

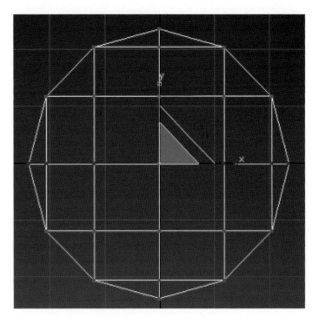

图 3.24 "井字形"布线

（11）在"修改"命令面板 中，选择"点"级别 ，选择"使用软选择"命令，调整衰减参数，缩小影响区域。如图 3.25 ～图 3.27 所示。

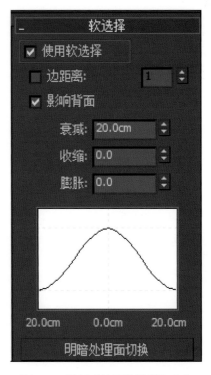

图 3.25 选择"使用软选择"命令

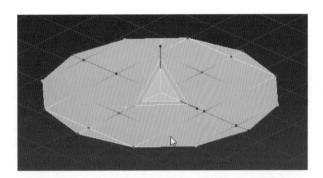

图 3.26　调整衰减参数

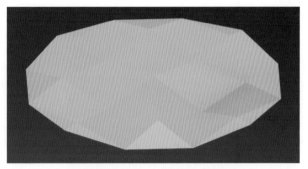

图 3.29　平滑前

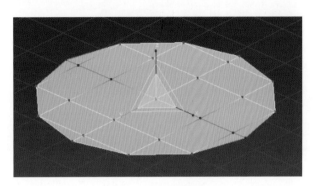

图 3.27　缩小影响区域

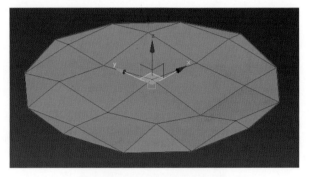

图 3.30　选中所有面

（12）选择"点"级别 ，随机进行调整，使模型出现曲面，营造出泥土的不规则感。如图 3.28 所示。

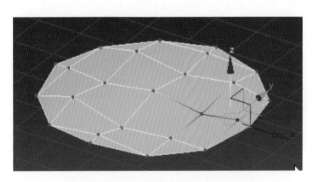

图 3.28　营造出不规则感

图 3.31　多边形：平滑组

（13）按 F4 键将线框隐藏，会发现面的转折比较生硬，为了让过渡相对平滑一些，需要使用"平滑组"命令进行优化。

选择"面"级别 ，选中所有面，在命令面板中找到"多边形：平滑组"命令，选择"自动平滑"，使模型在不增加面数的情况下，面和面之间过渡能够更均匀。如图 3.29～图 3.32 所示。

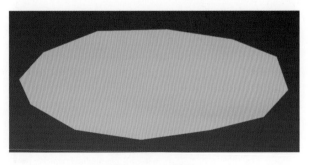

图 3.32　平滑后

（14）调整完成后，执行"全部取消隐藏"（鼠标右键），将模型完整显示，并进行观察调整。如图 3.33 和图 3.34 所示。

图 3.33 全部取消隐藏

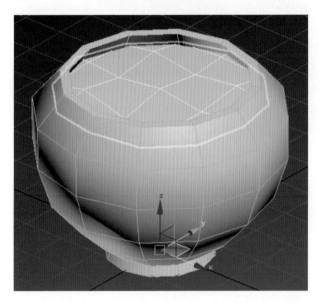

图 3.34 完整显示

（15）花盆边缘有一些凹凸槽，所以需要在花盆的基础模型上进行进一步优化。如图 3.35 所示。

图 3.35 原图花盆效果

（16）由于初级模型的段数比较少，如果直接在模型上增加细节，会显得间隙比较大，与原模型的相似度比较低，所以需要先增加横向段数。

选择"线"级别 ☑，选中纵向线段，执行"连接"命令（鼠标右键），增加两条线段。如图 3.36 和图 3.37 所示。

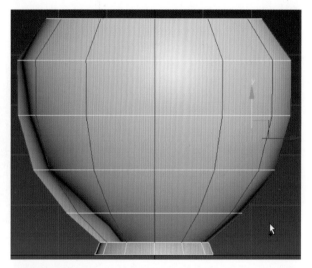

图 3.36 增加横向段数

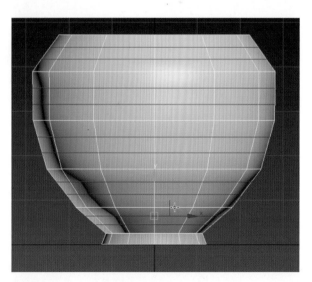

图 3.37 增加两条线段

（17）选中所有横向线条，执行"切角"命令（鼠标右键），调整"切角"断数为 2，并设置好线段间距。注意：数值不要设置太大。如图 3.38 和图 3.39 所示。

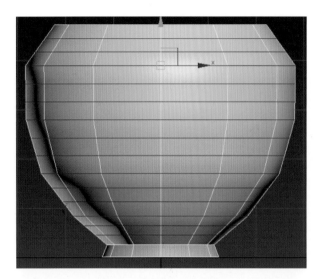

图 3.38　选中所有横向线条

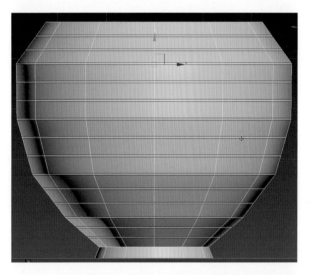

图 3.39　执行"切角"命令

（18）现在需要制作凹槽的部分。选中每组的中间线段，使用缩放命令，向内适当缩放。如图 3.40 和图 3.41 所示。

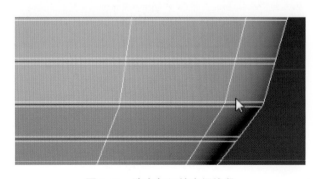

图 3.40　选中每组的中间线段

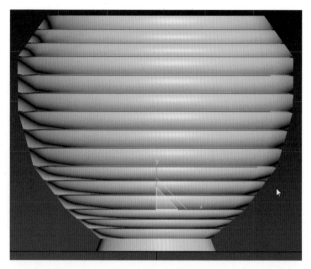

图 3.41　适当整体缩放

（19）选择"面"级别◼，选中所有面，在命令面板中找到"多边形平滑组"命令，选择"自动平滑"，使模型在不增加面数的情况下，面和面之间的过渡能够更均匀。如图 3.42 和图 3.43 所示。

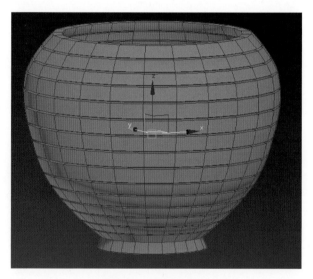

图 3.42　选中所有面

2. 鹅卵石的创建

如图 3.44 和图 3.45 所示，盆栽底部有鹅卵石作为点缀，三维建模中最重要的标准就是高度还原造型，因此需要先了解鹅卵石，其具有多为圆形、表面光滑、体积较小等特点，根据这些特点进行模型制作。

图 3.43　选择自动平滑后的效果

图 3.44　原图鹅卵石效果

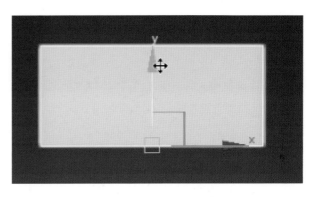

图 3.46　创建长方体面板

（2）由于鹅卵石相对来说比较圆润，所以使用"涡轮平滑"进一步优化模型造型。

选中创建出的长方体模型，选择右侧命令面板中的"修改器列表"，执行"涡轮平滑"命令。如图 3.47 和图 3.48 所示。

图 3.47　"涡轮平滑"命令

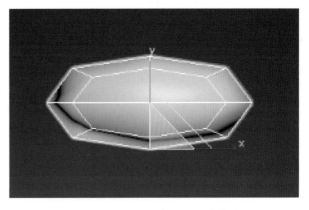

图 3.45　鹅卵石参考

（1）单击"创建"面板 → "长方体" → "顶"视图，创建模型。如图 3.46 所示。

图 3.48　使用"涡轮平滑"命令后

（3）转为编辑多边形（鼠标右键），选择"点"级别，在"顶"视图对模型进行随机修改（使模型产生不对称效果）。切换到"前"视图，选择"缩放"工具，将模型在 Z 轴挤压，制造鹅卵石较扁的效果。如图 3.49 和图 3.50 所示。

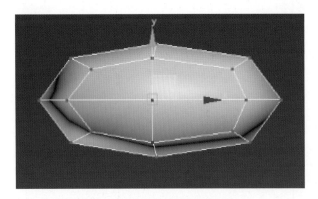

图 3.49　在"点"级别选中模型

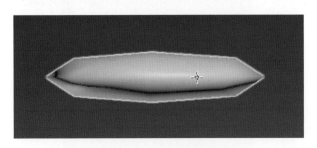

图 3.50　Z 轴挤压效果

（4）选择右侧命令面板中的"修改器列表"，执行"FFD 4×4×4"命令，再次对造型进行调整。如图 3.51～图 3.53 所示。

图 3.51　选择"FFD 4×4×4"命令

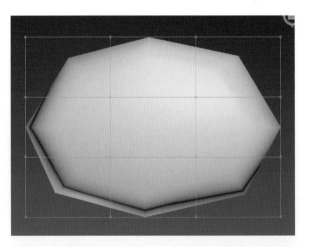

图 3.52　执行"FFD 4×4×4"命令

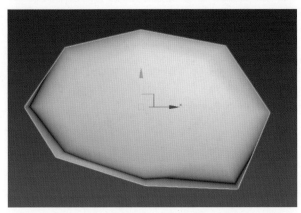

图 3.53　使用"FFD 4×4×4"命令调整后效果

（5）再次执行"涡轮平滑"命令，降低模型的尖锐感，适当调整鹅卵石大小并复制到花盆顶部，并随机摆放。如图 3.54～图 3.56 所示。

在摆放过程中，可以随时根据造型的不同，再次执行"FFD 4×4×4"命令进行调整，直到呈现最完美的效果。

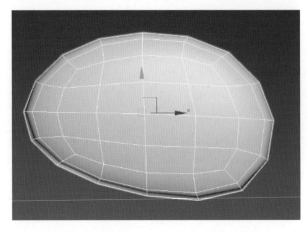

图 3.54　再次执行"涡轮平滑"命令后效果

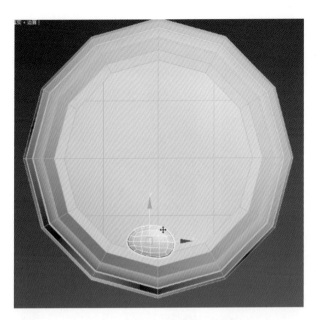

图 3.55　鹅卵石摆放到花盆顶部

图 3.57　植物原图效果

（1）单击"创建"面板 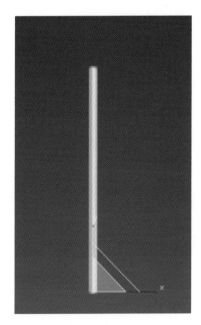→"圆柱体"，在"顶"视图中创建模型，用于制作茎部造型。如图 3.58 所示。茎造型相对细长，创建时注意造型的准确性。

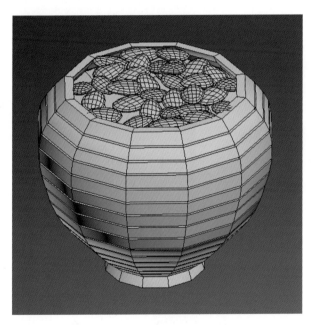

图 3.56　鹅卵石摆放后效果

3. 植物的制作

植物的特点是相似度比较高，每个叶片基本造型都是相同的，所以可以先制作出单株植物，后期再进行复制摆放。如图 3.57 所示。

图 3.58　创建圆柱体

（2）切换"前"视图，选择"平面"，创建树叶造型，设置长度分段＝4、宽度分段＝4。如图3.59和图3.60所示。

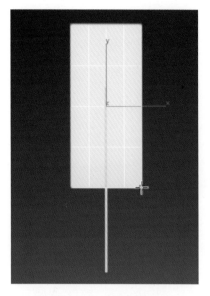

图 3.59　创建平面

图 3.60　设置分段

（3）转为可编辑多边形（鼠标右键），选择"点"级别 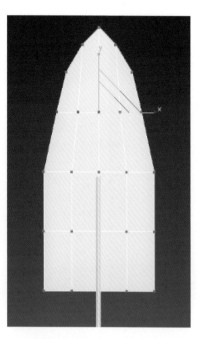，在"前"视图中对模型进行修改，调整出叶片顶部尖、下方大的造型。如图3.61所示。

图 3.61　调整出叶片造型

（4）选择右侧命令面板"修改器列表"中的"FFD 4×4×4"命令，再次对造型进行调整。如图3.62～图3.64所示。

图 3.62　选择"FFD 4×4×4"命令

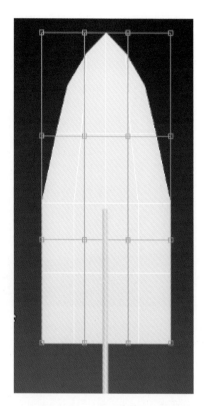

图 3.63　执行"FFD 4×4×4"命令

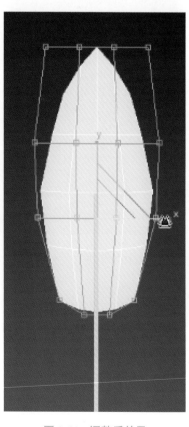

图 3.64　调整后效果

（5）切换为"左"视图，对模型进行前后关系调整。选择"点"级别，选取部分点，调整叶片平面弧度效果。如图 3.65 所示。

（6）在"左"视图中，调整出叶片侧面弯曲效果，适当微调叶片与茎的衔接。如图 3.66 和图 3.67 所示。

（7）选中茎模型，执行"附加"命令（鼠标右键），再选择叶，即可将两个模型合并成同一个物体级别。如图 3.68 和图 3.69 所示。

（a）

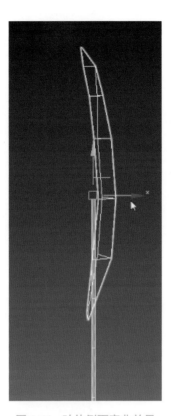

图 3.66　叶片侧面弯曲效果

图 3.68　右键菜单中的"附加"命令

（b）

图 3.65　视图效果

（a）视图效果；（b）叶片弧度效果

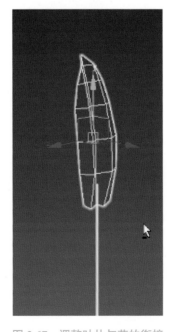

图 3.67　调整叶片与茎的衔接

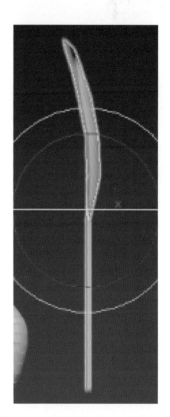

图 3.69　模型合并为同一物体级别

（8）选择右侧命令面板中的"修改器列表"，执行"Bend"（弯曲）命令，调整弯曲角度、方向数值（注意此处数值，可根据所需效果进行适当增减）。如图 3.70 ～图 3.72 所示。

图 3.70　Bend 命令

图 3.71　调整弯曲数值

图 3.72　弯曲后效果

（9）将单个叶片复制到花盆上，执行"FFD 4×4×4"命令，并使

用"旋转" 工具，对模型进行调整，使造型更加生动。如图 3.73 和图 3.74 所示。

图 3.73　执行"FFD 4×4×4"命令

图 3.74　调整后效果

（10）复制模型，并使用"移动" 、"缩放" 、"旋转" 工具将叶片随机摆放。最终效果如图 3.75 和图 3.76 所示。

在摆放过程中，随时根据造型的不同，使用"FFD 4×4×4"命令进行调整。

3.1.3 植物模型 UV 的分配

（1）选中花盆模型，打开"材质编辑器" ，选择任意一颗材质球，选取"漫反射" ，在出现的"材质 / 贴图浏览器"中选择"位图" 。如图 3.77 和图 3.78 所示。

图 3.75　调整摆放

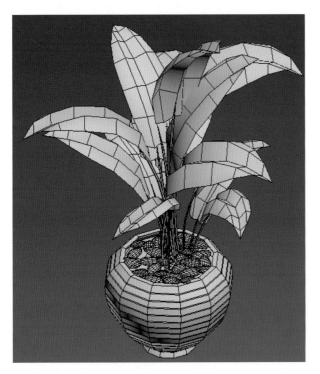

图 3.76　最终效果

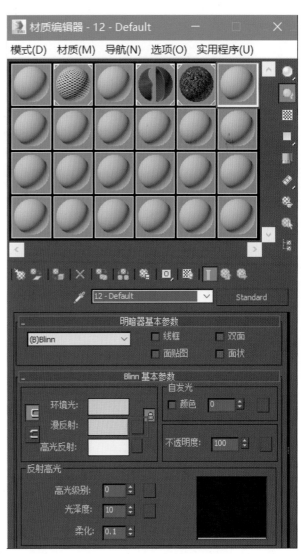

图 3.77　材质编辑器

图 3.78　材质 / 贴图浏览器

（2）在"选择位图图像文件"中选取事先准备好的单个图像，单击"打开"按钮。如图 3.79 所示。

图 3.80　材质编辑器

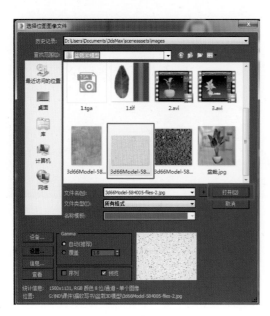

图 3.79　选择图像文件

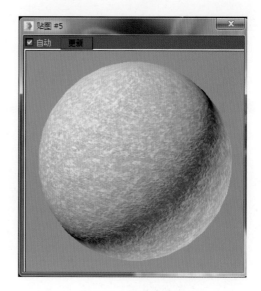

图 3.81　材质球效果

（3）此时选择的贴图就会出现在材质球上。如图 3.80 和图 3.81 所示。

（4）选择"赋予模型" ，再单击"视口中显示明暗处理材质" 。如图 3.82 和图 3.83 所示。

执行到此步骤，即可在模型上出现材质，但贴图出现拉伸和扭曲状态，接下来就需要使用"UVW 贴图"命令来对贴图进行调整适配。

（5）选中花盆模型，选择右侧命令面板中的"修改器列表" 修改器列表，执行"UVW 贴图"命令 UVW 贴图，在参数中设置"柱形"适配。如图 3.84 和图 3.85 所示。

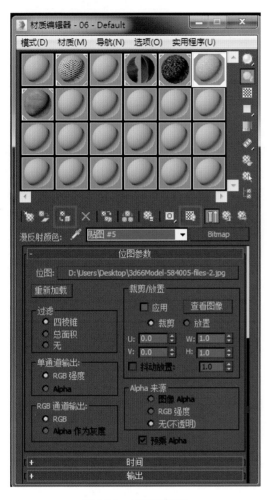

图 3.82 材质编辑器

图 3.83 模型上赋予材质后

图 3.84 "UVW 贴图"命令

图 3.85 "柱形"适配

（6）确定在不扭曲的状态下能正常显示贴图，即可进行下一步操作。将"UVW贴图"命令激活，使其成高亮显示状态。如图3.86和图3.87所示。

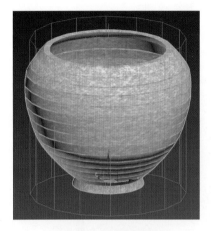

图3.86 适配框

图3.87 "UVW贴图"命令

（7）通过移动 、旋转 、缩放 工具来调整贴图的密度，直到效果满意即可。如图3.88所示。

图3.88 适配后效果

（8）使用相同方法继续选择鹅卵石，打开"材质编辑器" ，选择任意一颗材质球，选取"漫反射" ，在出现的"材质/贴图浏览器"中选择"位图" ，选取事先准备好的单个图像，单击"打开"按钮。如图3.89和图3.90所示。

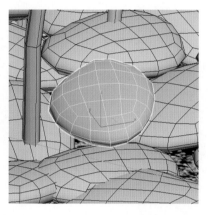

图3.89 选择鹅卵石

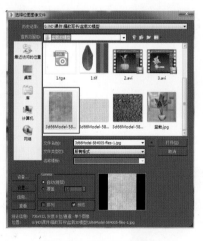

图3.90 选取材质图片

（9）选择右侧命令面板中的"修改器列表"，执行"UVW贴图" 命令，在参数中设置"平面"适配，并调整效果，最后复制并摆放。效果如图3.91和图3.92所示。

图3.91 "平面"适配

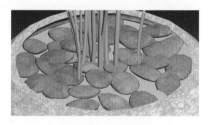

图3.92 最后效果

（10）选择泥土模型，使用相同方法打开"材质编辑器" ，选择任意一颗材质球，选取"漫反射" ，在出现的"材质/贴图浏览器"中选择"位图" ，选取事先准备好的单个图像，单击"打开"按钮。如图3.93和图3.94所示。

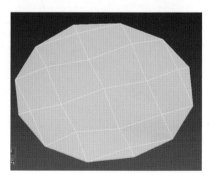

图3.93 选择泥土模型

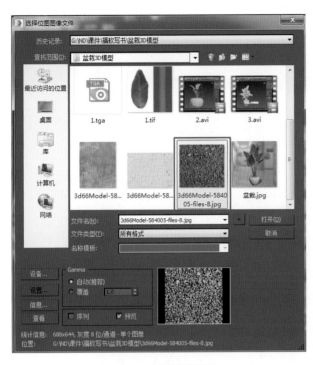

图 3.94　选取材质图片

（11）选择右侧命令面板中的"修改器列表"，执行"UVW 贴图"  命令，在参数中设置"平面"适配，并调整效果。如图 3.95 所示。

图 3.95　调整后效果

（12）由于树叶的纹理性比较强，所以树叶采用"UVW 展开" 的方式进行 UV 分配。

单独选中树叶模型，如果此时树叶没有办法独立选中，可以使用"元素" 级别，先选中树叶，选择

命令菜单下方的"分离"命令，选择"分离为对象"，即可将物体独立分离。如图 3.96 ～图 3.98 所示。

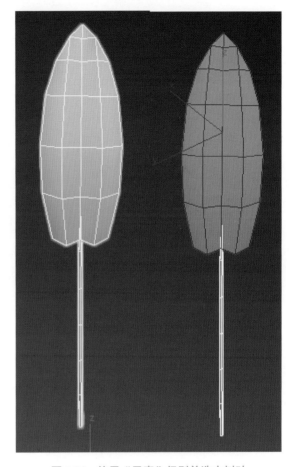

图 3.96　使用"元素"级别并选中树叶

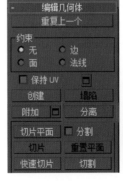

图 3.97　使用"分离"　　　图 3.98　选择对象
命令

（13）单独选中树叶模型，打开"材质编辑器" ，选择任意一颗材质球，选取"漫反射" ，在出现的"材质 / 贴图浏览器"中选择"棋盘

格" 棋盘格。如图 3.99 所示。

图 3.99　材质编辑器

（14）修改瓷砖密度，并选择赋予模型 ，再单击"视口中显示明暗处理材质" 。如图 3.100 和图 3.101 所示。

图 3.100　修改瓷砖密度

图 3.101　赋予棋盘格后效果

（15）执行"UVW 展开"
UVW 展开 命令，选择"打开
UV 编辑器" 打开 UV 编辑器... 。如
图 3.102 ～图 3.104 所示。

此时看到的是 UV 初始状态，
需要将模型尽可能平展开来。

图 3.102　"UVW 展开"命令

图 3.103　单击"打开 UV 编辑器"

（16）使用 UV 分配界面中的
"点" 级别，将 UV 框中的点全选。
如图 3.105 所示。

（17）执行"松弛"命令，选择"由
多边形角松弛"，单击"开始松弛"。
如图 3.106 和图 3.107 所示。

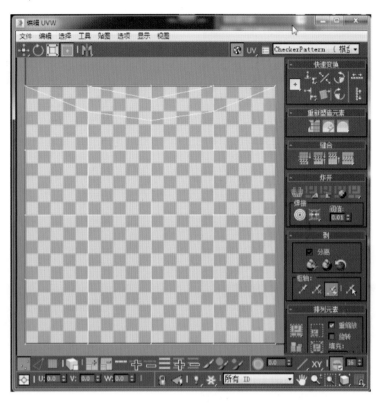

图 3.104　UV 初始状态

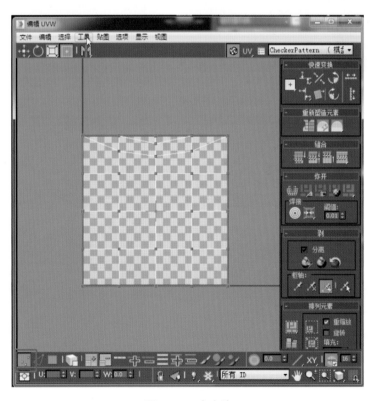

图 3.105　点全选

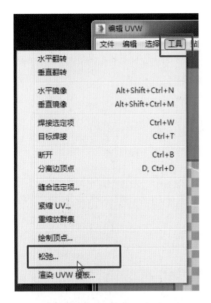

图 3.106 "松弛"命令

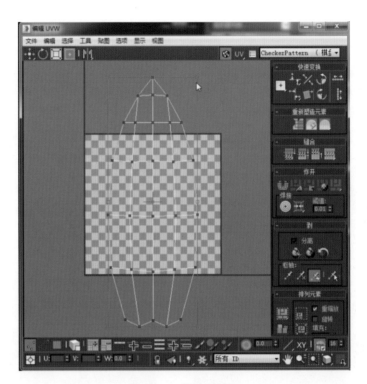

图 3.108 松弛后效果

图 3.107 选择"由多边形角松弛"

（18）松弛后最终效果如图 3.108 和图 3.109 所示。在 UV 分配界面中使用"自由形式模式" ▣ 缩放调整 UV 大小。

（19）使用相同方法选中"茎"模型，执行"UVW 展开" 🔧 ▣ UVW 展开 命令，选择"打开 UV 编辑器"，执行"松弛"命令，选择"由多边形角松弛"，单击"开始松弛"。在 UV 分配界面中使用"自由形式模式" ▣ 调整 UV 大小。如图 3.110 和图 3.111 所示。

图 3.109 调整 UV 大小并摆放

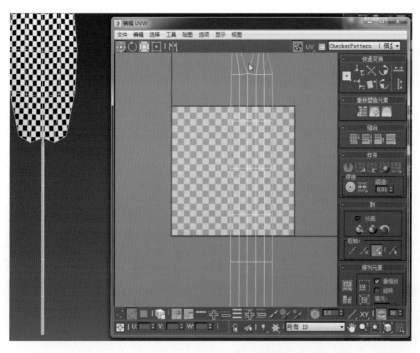

图 3.110　展开 UV 后效果

（20）单击鼠标右键，选择"转换为可编辑多边形"，将树叶和茎使用"附加" 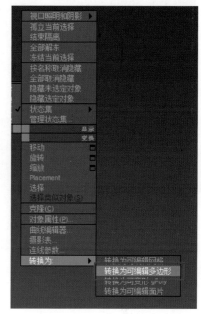 进行合并。执行"UVW 展开" UVW 展开 命令，对整合在一起的模型进行摆放。如图 3.112 和图 3.113 所示。

图 3.112　转换为可编辑多边形

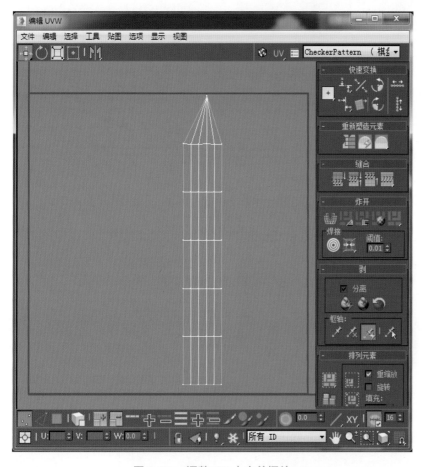

图 3.111　调整 UV 大小并摆放

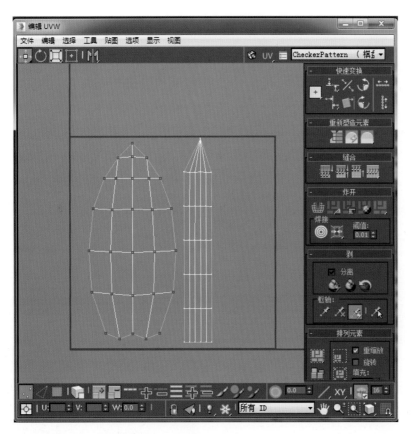

图 3.113　摆放整合在一起的模型

3.1.4　植物模型 UV2 的分配

（1）选中花盆，执行"UVW 展开"  命令，选择"贴图通道"为"2"。在"通道切换警告"中选择"移动"。选择"打开 UV 编辑器"。如图 3.114～图 3.116 所示。

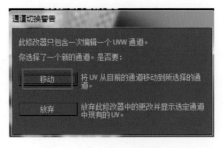

图 3.114　选择"贴图通道"　　　　图 3.115　选择"移动"　　　图 3.116　选择"打开 UV 编辑器"
　　　　　为"2"

（2）将花盆所有的 UV 在不重叠的情况下平均摆放。如图 3.117 所示。

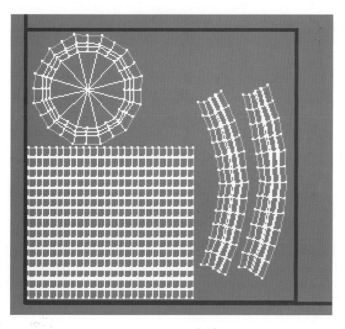

图 3.117 UV 摆放

（3）选中鹅卵石，执行"附加" 附加 命令，将所有的鹅卵石进行合并。执行"UVW 展开" UVW 展开 命令，选择"贴图通道"为"2"。在"通道切换警告"中选择"移动"。打开"UV 编辑器"，将鹅卵石所有的 UV 在不重叠的情况下平均摆放。如图 3.118 所示。

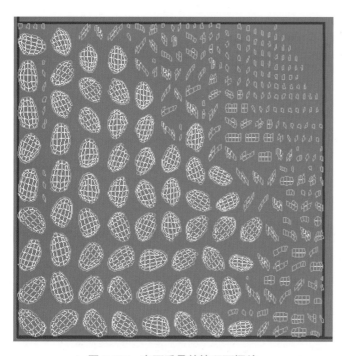

图 3.118 在不重叠的情况下摆放

（4）将所有摆放好的树叶使用"附加" 附加 命令进行合并。执行"UVW 展开" UVW 展开 命令。选择"贴图通道"为"2"。如图 3.119 和图 3.120 所示。

图 3.119 将树叶合并

图 3.120 选择"贴图通道"为"2"

（5）在"通道切换警告"中选择"移动"，选择"打开 UV 编辑器"。如图 3.121 和图 3.122 所示。

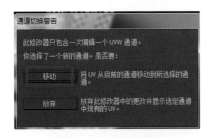

图 3.121 选择"移动"

图 3.122 选择"打开 UV 编辑器"

（6）将所有的 UV 在不重叠的情况下平均摆放。如图 3.123 所示。

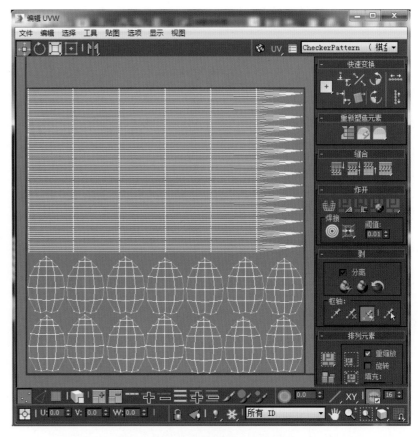

图 3.123 在不重叠的情况下摆放

（7）最终贴图绘制完成后的渲染效果如图 3.124 所示。

图 3.124 最终效果

※ 3.2 （案例）地形模型的制作

3.2.1　VR 模型——地形解析

3ds Max 中地形模型一般用于小区、城市或是游戏地域设计与规划。可以理解为除了飞行中的物体，其他任何情境展示都离不开地面的辅助与搭配。有了地形存在，就很容易将整体世界设计得更加真实。

小知识：

由于制作地形时对模型贴图的精细度要求比较高，可以想象，当客户进入 VR 沉浸式体验时，如果地板的贴图精细度较低，显示的都是马赛克效果，对于玩家的视觉体验来说是非常不真实的。所以，在模型贴图管控中，① 游戏类模型为了满足贴图数量的控制，更多地会使用四方连续贴图及二方连续贴图进行精细度管控；② 写实类家装模型恰恰相反，为了能够真实还原沉浸式视觉效果，更多的是不对贴图数量进行控制。

地形的类型有多种，如平原、丘陵、山地、高原、盆地等，其 3D 效果也是多种多样的。如图 3.125 所示。

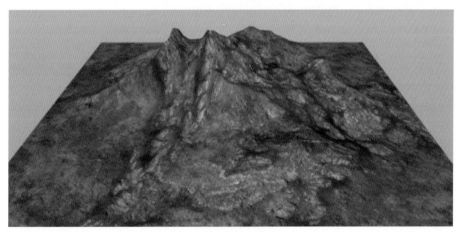

（a）

（b）

图 3.125　地形模型鉴赏

(c)

(d)

图 3.125　地形模型鉴赏（续）

　　建筑模型设计制作在现代有着广泛的用途，从前期的粗劣制作到现在的逼真美奂，中间经过了一段比较长的路程。建筑模型的类型十分广泛，在模型设计的过程中，必须遵守一些原则和要求，下面就给大家介绍建筑模型设计制作的原则和要求。

　　1. 场景单位的统一

　　在虚拟项目制作过程中，较大的场景通常由多人同时制作，所以，在建模之初就要将场景单位进行统一，在后期进行场景整合时，可以在很大程度上提高模型的匹配度。

2. 工作路径的统一

在进行项目操作时，往往一个项目由多人同时协作完成，这样一个统一的工作路径就显得尤为重要，这都是为了提高项目管理及资源共用的效率。

3. 软件版本的统一

3ds Max 软件具有可以高版本开低版本，但无法低版本开高版本的特点，所以，当多人协作完成一个项目时，软件版本的统一变得尤为重要。

4. 模型建模要求

一个合格的模型需要合理使用面数，将面数合理运用于细节较多的部分，这一点非常重要。所以，在制作模型前，需要先了解清楚模型的基本面数、贴图数量、制作风格等一系列要求。

3.2.2　地形模型的创建

3ds Max 有很多种做地形的方法，那么怎样在 Max 中做地形呢？这里使用"软选择"命令，就可以很快地做出想要的高低起伏的地形了。如图 3.126 所示。

图 3.126　地形原图

（1）打开 3ds Max，首先将系统单位统一改为厘米（cm），这样对于后期整合场景有很大便利，不至于出现单位不统一、比例不统一等基础问题。

单位设置：单击"自定义"→"单位设置"，在没有特殊要求的情况下，单位设为厘米。如图 3.127 所示。

（a）

（b）

（c）

图 3.127　设置单位

（2）将 3ds Max 切换到最大视窗（快捷键 Alt+W），去掉 3ds Max 中的网格（G 键），切换到"顶"视图，单击"创建" 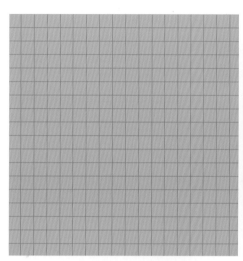 面板，选择右侧命令面板"平面" 平面 ，创建平面，将参数设置为"长度 =6 000 cm、宽度 =6 000 cm、长度分段 =20、宽度分段 =20"，用来制作基础地面。如图 3.128 和图 3.129 所示。

创建时，必须在"顶"视图，因为地形是平面图，在"顶"视图创建才能避免出现地形方向错误的问题。

图 3.128　创建平面　　　　　　　　图 3.129　设置参数

（3）选择"长方体" 长方体 ，在"平面"上建立长方体，将参数设置为"长度 =600 cm、宽度 =600 cm、高度 =600 cm"，用于确定别墅方位与占地面积的基础模型。如图 3.130 ～图 3.132 所示。

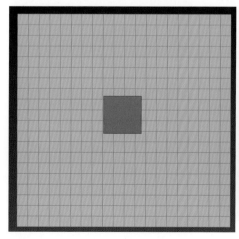

图 3.130　建立长方体　　　　　　　图 3.131　设置参数

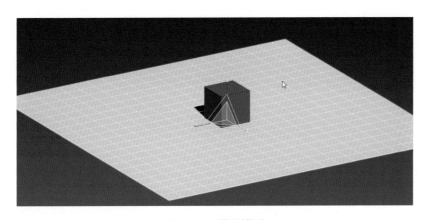

图 3.132 基础模型

（4）为了保证最后做出来的比例接近原画，可以先架设一台目标摄像机。

切换至"透视"视图（快捷键 P），将模型旋转至相同的角度，按组合键 Ctrl+C 快速在视图角度创建摄像机，这样在其他视图角度修改模型时，只需要按下快捷键 C，即可快速切换至与图片相同的角度。如图 3.133 和图 3.134 所示。

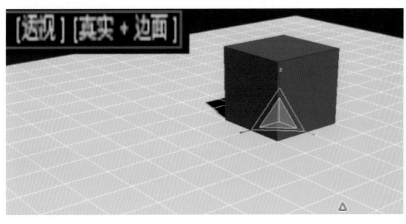

图 3.133 "透视"视图

图 3.134 "摄像机"视图

（5）完成上一步操作后，将视图切换至"顶"视图，会发现视图中出现了一台摄像机。选中模型，转换为可编辑多边形（右键菜单），选择"点" 级别，在"软选择"菜单中将"使用软选择"勾选，激活命令，通过调整"衰减"来设置影响范围。如图 3.135 和图 3.136 所示。

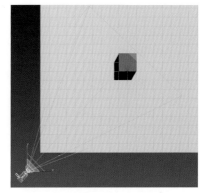

图 3.135 摄像机

图 3.136 设置参数

（6）先将"衰减"调整至较大范围，随机选择点，配合"移动" 命令，调整Z轴，调整出山峰的凹凸起伏之感，将之前预设的别墅基础模型摆放至合适位置。如图3.137和图3.138所示。

调整时，建议切换至"摄像机"角度，这样能够更贴合原画。

图3.139　原图

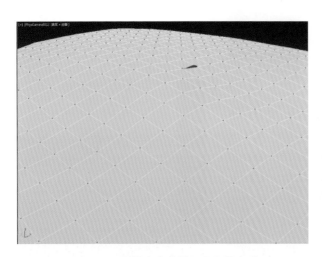

图3.137　调整出山峰的凹凸起伏之感

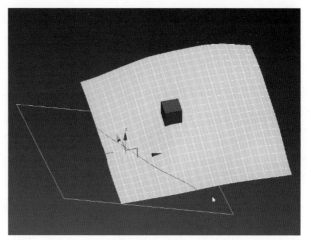

图3.140　切片平面

（8）切线完成后，为了使线段看起来更加完整，可以将附近的点选中，单击鼠标右键，选择"塌陷" 塌陷 ，使用"面" 级别，选择计划道路的面，单击"右侧"命令栏中的"分离" 分离 命令，将面剥离成另一个物体级别。如图3.141～图3.143所示。

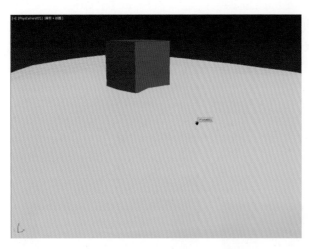

图3.138　基础模型摆放至合适位置

（7）完成基础山峰后，需要按原画将车道处理出来。

选择"线" 级别，在右侧菜单中选择"切片平面" 切片平面 ，使用"旋转" 工具将切线方向进行调整，确定方向后，单击"切片" 切片 ，将线段固化。如图3.139和图3.140所示。

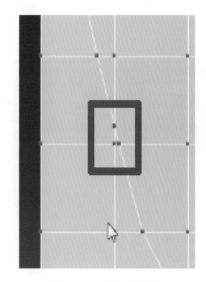

图3.141　整理多余点

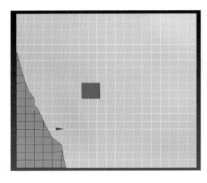

图 3.142　计划道路的面

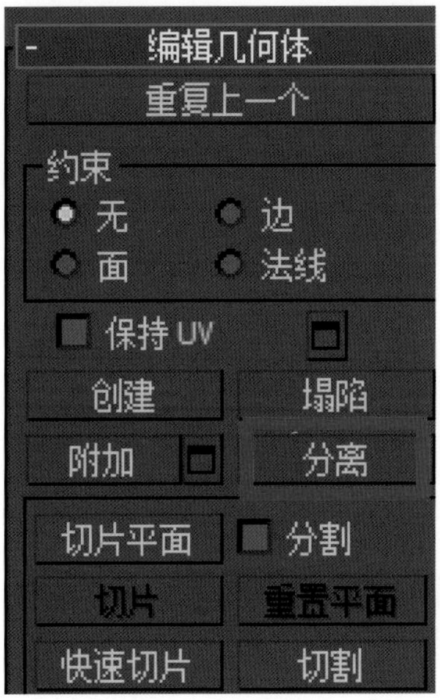

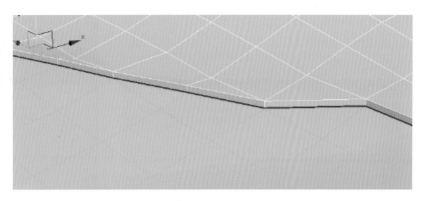

图 3.144　边缘线段

（10）如果面过渡得不平滑，可以使用"元素"■级别，选中需要平滑的面，在右侧命令面板中，执行"平滑组"中的"自动平滑"。如图 3.145 和图 3.146 所示。

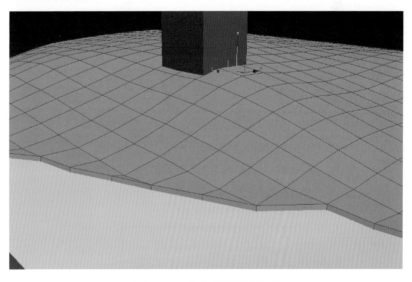

图 3.145　选中需要平滑的面

图 3.143　"分离"命令

（9）使用"线"✐级别，选取边缘线段，并按下 Shift 键，配合"移动"✛命令，生成边缘厚度。如图 3.144 所示。

图 3.146　平滑组

（11）完成基本地形的山体，更改材质显色后的效果。如图3.147所示。

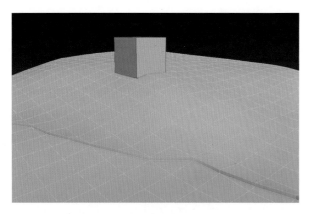

图 3.147　完成山体效果

（12）由于山体完成后，略显单调，可以将素材库中的"石头"模型"合并"至场景中，让画面更加丰富。

步骤：选择左上角"MAX"图标，选择"导入"→"合并"命令即可将模型合并至同一个场景中，并进行摆放。如图3.148和图3.149所示。

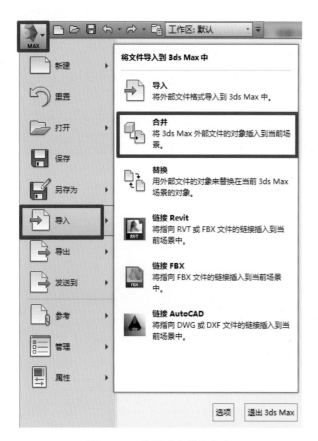

图 3.148　选择"合并"命令

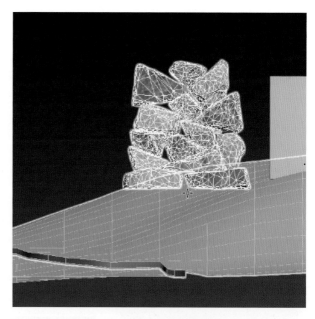

图 3.149　导入的模型

（13）确认"石头"选件已经合并至同一个 3ds Max 中后，可以选择"元素" ▣ 级别，配合"移动" ✛、"旋转" ↻、"缩放" ▢ 工具对需要的石头的位置进行修改。如图3.150所示。

石头的摆放位置，尽量以摄像机角度为参考。

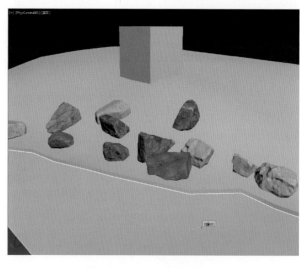

图 3.150　石头的摆放位置

（14）摆放好石头后，为了使画面更加丰富，还可以准备些树来点缀。

步骤：选择左上角的"MAX"图标，选择"导入"→"合并"命令即可将模型合并至同一个场景中，并进行摆放。如图3.151和图3.152所示。

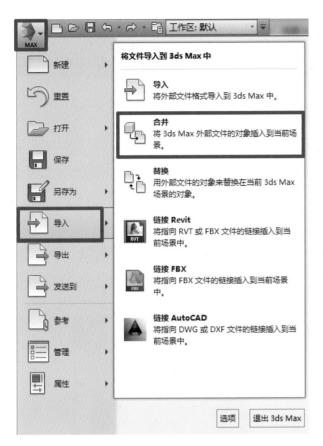

图 3.151　选择"合并"命令

图 3.153　树木的摆放位置

（16）摆放后，画面丰富许多。如图 3.154 所示。

图 3.154　摆放后的效果

（17）为了增加原图上的环境效果，还设计了拱形大门的效果。

切换为"左"视图，在右侧命令面板中，选取"圆柱体" 圆柱体 进行创建。调整合适的模型长度，设置"圆柱体"属性"高度分段 =7"。如图 3.155 和图 3.156 所示。

图 3.152　导入的模型

（15）同样，确认"树"选件已经合并至同一个 3ds Max 中后，选择"元素" 级别，配合"移动"、"旋转" 、"缩放" 工具，将需要的树进行位置的修改。如图 3.153 所示。

树木的摆放位置，尽量以摄像机角度为参考。

图 3.155   原图

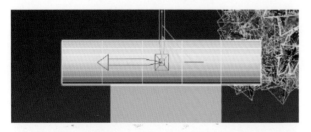

图 3.156   创建圆柱体

（18）接下来需要对模型进行弯曲度的调整。由于新创建出的圆柱体的轴心并不在模型的正中间，当使用"弯曲"命令进行调整时，容易出现偏差，所以，在执行"弯曲"命令前，需要先调整轴心至模型正中间。

调整轴心的方法：选中创建的"圆柱体"模型，在右侧命令面板"层次" 中选择"仅影响轴" ，将轴心激活，单击"居中到对象" ，即可自动调整模型轴心至中心点。如图 3.157 和图 3.158 所示。

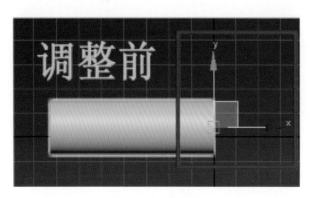

图 3.157   调整前

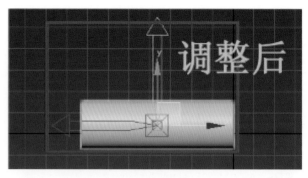

图 3.158   调整后

（19）选中创建出的长方体模型，选择右侧命令面板中的"修改器列表" 修改器列表 ，执行"弯曲" 弯曲 命令，即可调整模型弯曲度。如图 3.159 和图 3.160 所示。

图 3.159   "弯曲"命令

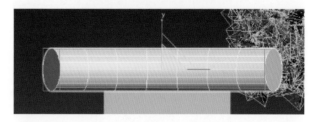

图 3.160   调整模型弯曲度

（20）执行"弯曲"命令时，模型的弯曲角度也许并不是所需要的，可以通过激活"弯曲"命令，并配合"旋转" 工具，手动调整弯曲方向。

调整方法：选中模型并执行"弯曲"命令，在右侧"属性"菜单中选择合适的"弯曲角度"与"弯曲轴"方向，可以看到，X、Y、Z 三个轴向，只有 Z 轴能够保持原有的模型形态，但方向并不是所需要的。如图 3.161 所示。

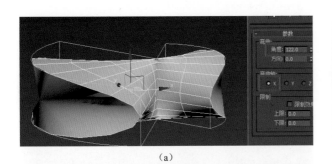

（a）

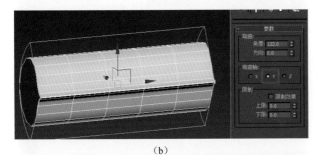

（b）

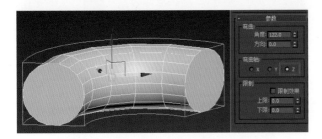

（c）

图 3.161　弯曲效果

（21）接下来学习如何修正轴向。

将命令列表中已执行的"弯曲"命令激活，选择"旋转"  工具，调整至合适的轴向即可。根据旋转角度的不同需求，也可搭配"角度捕捉切换" 工具。如图 3.162 和图 3.163 所示。

图 3.162　选择相应命令

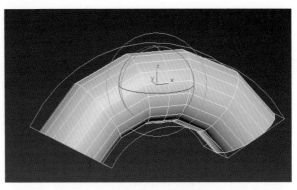

图 3.163　旋转弯曲角度

（22）将创建好的拱形大门摆放至合适角度，切换至"顶"视图，选取"圆柱体" 圆柱体 ，在适合的位置创建拱形大门支架。如图 3.164 和图 3.165 所示。

图 3.164　拱形大门

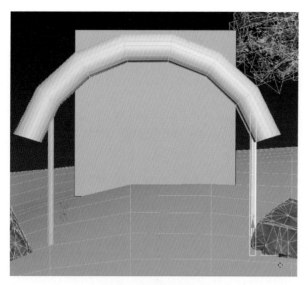

图 3.165　摆放至合适角度

（23）模型初步效果如图 3.166 所示。

图 3.166　模型初步效果

3.2.3　地形模型 UV 分配

（1）选中山体模型，打开"材质编辑器" ，选择任意一颗材质球，选取"漫反射" ，在出现的"材质/贴图浏览器"中选择"棋盘格" 棋盘格。如图 3.167 所示。

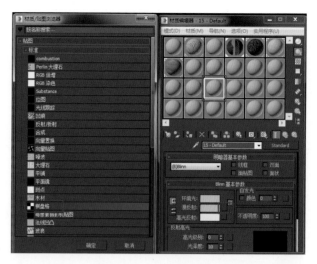

图 3.167　材质编辑器

（2）修改"瓷砖"密度，并选择"赋予模型" ，再单击"视口中显示明暗处理材质" 。如图 3.168 和图 3.169 所示。

图 3.168　修改"瓷砖"密度

图 3.169　赋予模型效果

（3）执行"UVW 展开"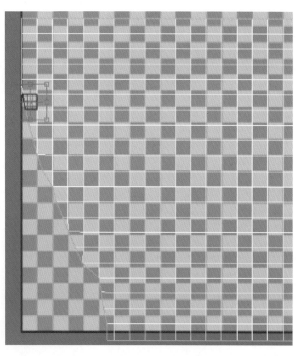

 命令，选择"打开 UV 编辑器" 。如图 3.170 ~ 图 3.172 所示。

此时看到的是 UV 初始状态，需要将模型尽可能平展开来。

图 3.170　"UVW 展开"命令

图 3.171　选择"打开 UV 编辑器"

图 3.172　UV 初始状态

（4）使用 UV 分配界面中"点" 级别，将 UV 框中的点全选。如图 3.173 所示。

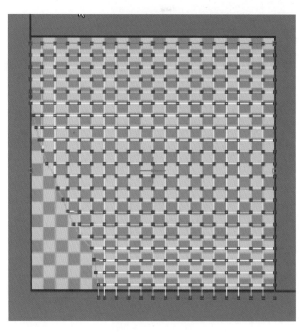

图 3.173　点全选

（5）执行"松弛"命令，选择"由多边形角松弛"，单击"开始松弛"。如图 3.174 和图 3.175 所示。

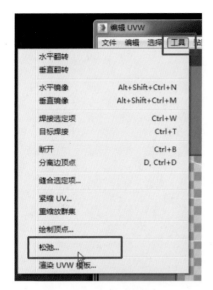

图 3.174 "松弛"命令

图 3.175 选择"由多边形角松弛"

（6）在 UV 分配界面中使用"自由形式模式" ⊡ 缩放调整 UV 大小，并单击鼠标右键，转换为可编辑多边形，将 UV 固化。如图 3.176 所示。

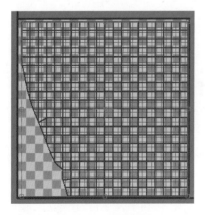

图 3.176 最终效果

（7）使用相同方法选中预留的"公路"模型，执行"UVW 展开" ⊞ UVW 展开 命令，选择"打开 UV 编辑器"，执行"松弛"命令，选择"由多边形角松弛"，单击"开始松弛"，使用"自由形式模式" ⊡ 缩放调整 UV 大小。调整完成后，单击鼠标右键，转换为可编辑多边形，将 UV 固化。如图 3.177 和图 3.178 所示。

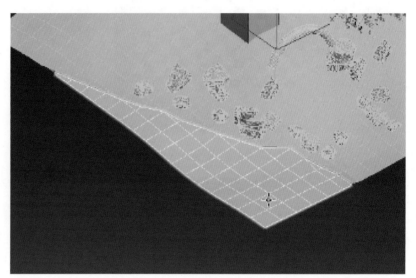

图 3.177 选中预留的"公路"模型

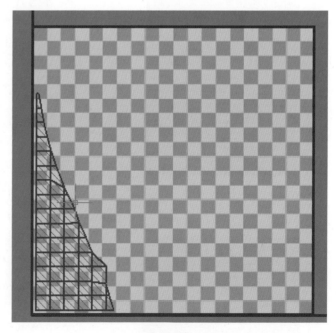

图 3.178 调整 UV 大小

（8）接下来学习大门的 UV 分配。由于拱形大门的造型并不像地形那样，由单个平面调整而成，所以它的 UV 拆分方式会有些许不同。如图 3.179 所示。

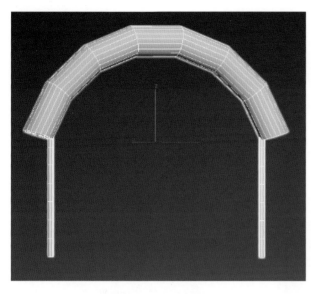

图 3.179　大门模型

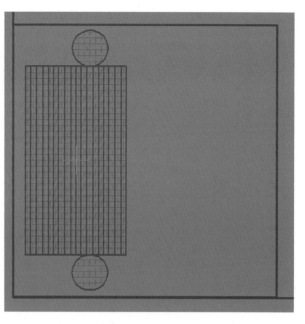

图 3.181　调整完成的效果

（9）选择大门支架模型，打开"材质编辑器" ，选择将棋盘格赋予模型，执行"UVW展开" UVW 展开 命令，选择"打开 UV 编辑器"，单击鼠标右键，选择"选定缝合"命令 选定缝合，将 UV 进行修改调整。选择"由多边形角松弛"，单击"开始松弛"，使用"自由形式模式" 缩放调整 UV 大小。调整完成后，单击鼠标右键，转换为可编辑多边形，将 UV 固化。如图 3.180和图 3.181 所示。

调整一根支架 UV 后，另一根支架可以采用复制方式，直接进行复制。

（10）学会分配支架 UV 后，不难看出，拱形大门的主体造型大同小异，只是增加了弯曲度，所以可以用相同的方法进行 UV 分配。

选择大门主体模型，打开"材质编辑器"，选择将棋盘格赋予模型，执行"UVW 展开" UVW 展开 命令，选择"打开 UV 编辑器"，单击鼠标右键，选择"选定缝合"命令 选定缝合，将 UV 进行修改调整。选择"由多边形角松弛"，单击"开始松弛"，使用"自由形式模式" 缩放调整 UV 大小。调整完成后，选择鼠标右键，转换为可编辑多边形，将 UV 固化。如图 3.182和图 3.183 所示。

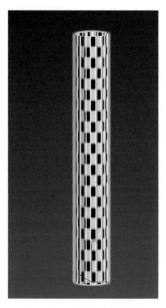

图 3.180　选择支架模型

图 3.182　大门主体模型

图 3.183　调整完成

3.2.4　地形模型 UV2 分配

（1）选中山体模型，执行"UVW 展开" ⚙ ⊞ UVW 展开 　命令，选择"贴图通道"为"2"。在"通道切换警告"中选择"移动"，选择"打开 UV 编辑器"。如图 3.184 ～图 3.186 所示。

图 3.184　"贴图通道"为"2"

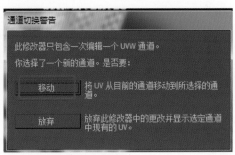

图 3.185　通道切换警告

图 3.186　选择"打开 UV 编辑器"

（2）将山体的 UV 在不重叠的情况下平均摆放，并单击鼠标右键，转换为可编辑多边形，将 UV 固化。如图 3.187 所示。

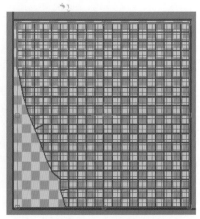

图 3.187　山体 UV 完成

（3）使用相同方法，选中"公路"模型，执行"UVW 展开" ⚙ ⊞ UVW 展开 　命令，选择"贴图通道"为"2"。在"通道切换警告"中选择"移动"，选择"打开 UV 编辑器"。如图 3.188 ～图 3.190 所示。

图 3.188　"贴图通道"为"2"

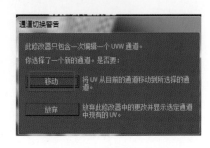

图 3.189　通道切换警告

图 3.190　选择"打开 UV 编辑器"

（4）将公路的 UV 在不重叠的情况下平均摆放，并单击鼠标右键，转换为可编辑多边形，将 UV 固化。如图 3.191 所示。

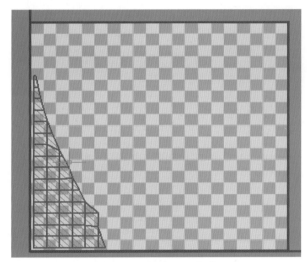

图 3.191　公路 UV 完成

（5）使用相同方法对拱形大门及支架执行 2 套 UV 分配流程。如图 3.192 和图 3.193 所示。

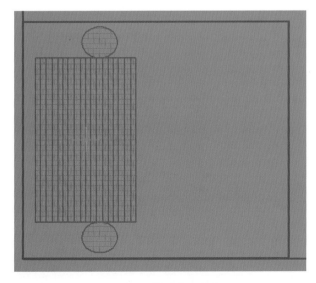

图 3.192　拱形大门支架

图 3.193　拱形大门主体

（6）最终素模效果（在下一节案例中，将学习如何制作案例中的别墅）如图 3.194 所示。

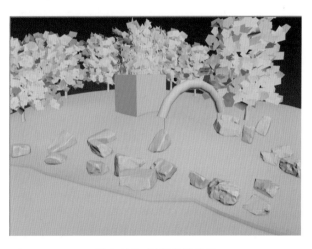

图 3.194　最终素模效果

※ 3.3 （案例）别墅建筑模型的制作

在 VR 游戏中要交代时空关系，用建筑来表现是最好的方法，因为建筑能明显地体现时代特征、历史时代风貌、民族文化等特点，所以，三维模型中，建筑的制作难度相对来说是较大的。

在本案例中，就以别墅为例，来详细讲解写实类建筑模型的制作方法。如图 3.195 所示。

图 3.195　别墅原图

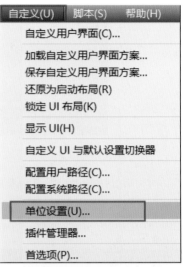

（a）

3.3.1　别墅基础模型创建

此案例是在地形模型的基础上进行别墅的创建与细化。

（1）打开 3ds Max，首先将系统单位统一改为"厘米"，这样对于后期合并场景有很大便利，不至于出现单位不统一、比例不统一等问题。

单位设置：单击"自定义"→"单位设置"。在没有特殊要求的情况下，单位设为厘米。如图 3.196 所示。

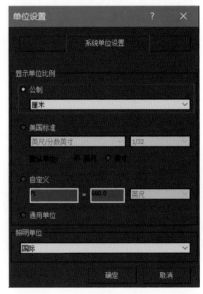

（b）

（c）

图 3.196　单位设置

（2）选择地形案例中用于充当别墅的长方体模型，单击鼠标右键，选择"隐藏未选定对象" 隐藏未选定对象 ，将长方体单独显示。如图 3.197 所示。

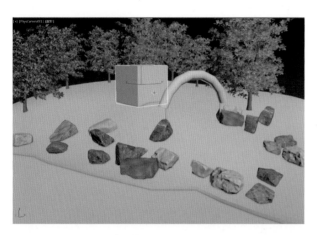

图 3.197　选中长方体模型

（3）切换到"顶"视图，单击"创建" 面板，选择右侧命令面板中的"长方体" 长方体 ，创建长方体，将参数设置为"宽度 =3、高度 =2"。单击鼠标右键，转换为可编辑多边形，用来制作雏形。如图 3.198 所示。

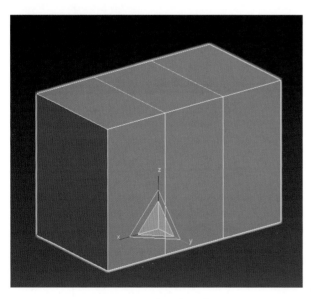

图 3.198　创建长方体

（4）使用"面" 级别，单击鼠标右键，选择"挤出" 挤出 命令，配合"移动"工具 ，将模型适当调整。如图 3.199 和图 3.200 所示。

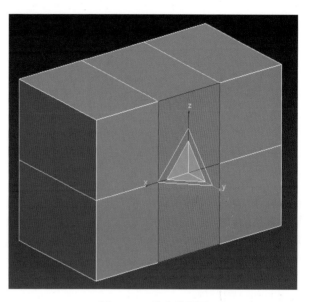

图 3.199　选中模型面

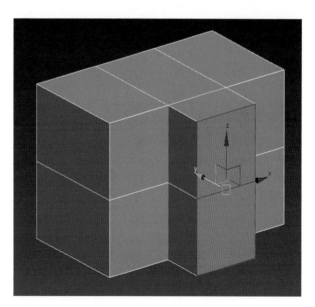

图 3.200　执行"挤出"命令

（5）使用"边" 级别，选择目标线段，单击鼠标右键，选择"连接" 连接 命令，选择添加线，配合"移动" 工具，将线段适当调整。如图 3.201 和图 3.202 所示。

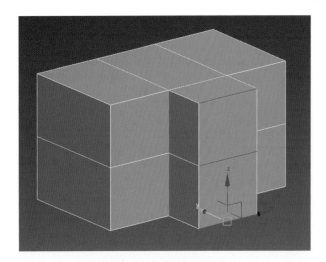

图 3.201　选择目标线段

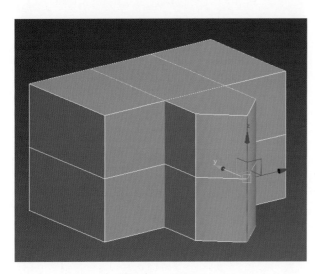

图 3.202　添加线

（6）使用"面" □ 级别，按住 Shift 键，并配合"移动" ✛ 工具，向上复制，选择"克隆到对象"，用于制作屋顶。如图 3.203～图 3.205 所示。

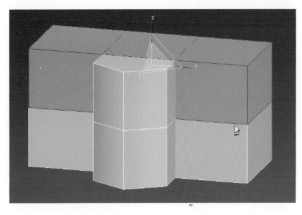

图 3.203　选中目标面

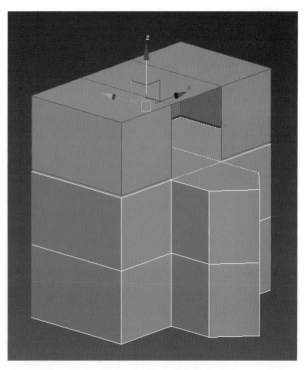

图 3.204　向上复制

图 3.205　选择"克隆到对象"

（7）使用"边" ■ 级别，选择目标线段，执行右侧命令面板中的"塌陷" 塌陷 命令，即可创建出三角形屋顶。如图 3.206 和图 3.207 所示。

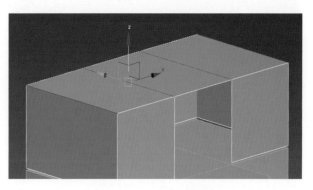

图 3.206　选择目标线段

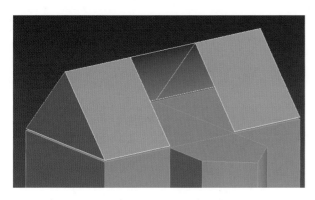

图 3.207　三角形屋顶

（8）使用"边" 级别，按住 Shift 键，并配合"移动" 工具，复制出一个面，单击鼠标右键，选择"目标焊接" 目标焊接，先选取 A，再选取 B，即可焊接成功。如图 3.208 和图 3.209 所示。

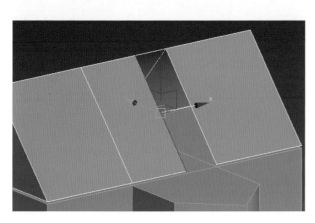

图 3.208　选择目标线

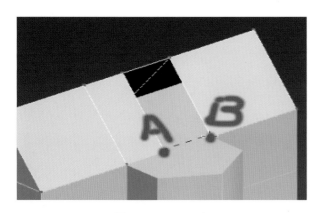

图 3.209　A、B 点

（9）使用"边" 级别，选择目标线段，单击鼠标右键，选择"连接" 连接命令，选择添加线段，使模型拥有一条中间线。使用"面" 级别，选取可

对称的面，单击 Delete 键删除。如图 3.210 和图 3.211 所示。

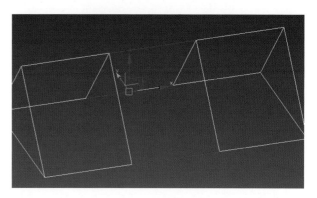

图 3.210　选择目标线段

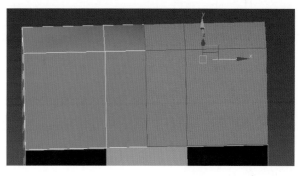

图 3.211　选择目标面

（10）选择"修改器列表"→"对称" 对称命令，以方便继续细化模型。如图 3.212 和图 3.213 所示。

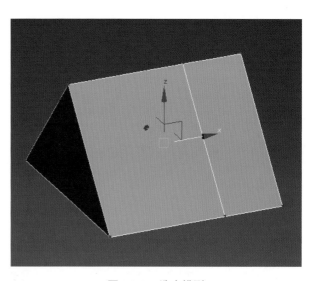

图 3.212　选中模型

图 3.213　"对称"命令

（11）使用"点" 级别，单击鼠标右键，选择"剪切" 剪切 命令，为模型添加三角形布线，以方便创建小三角形屋顶。如图 3.214 和图 3.215 所示。

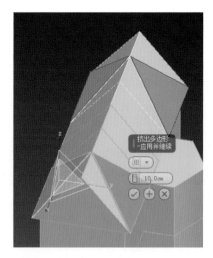

图 3.216　选择目标面

图 3.214　原图

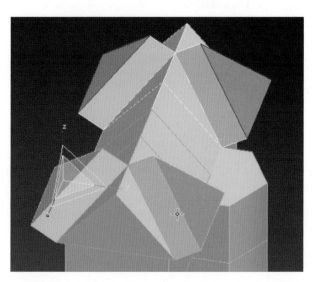

图 3.217　执行"挤出"命令

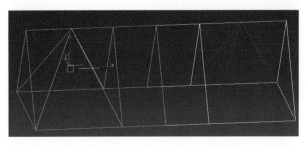

图 3.215　添加三角形布线

（12）使用"面" 级别，选择目标面，单击鼠标右键，执行"挤出" 挤出 命令，并配合"移动" 工具，对模型进行适当调整。如图 3.216～图 3.218 所示。

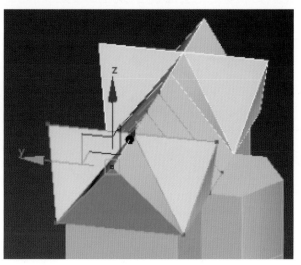

图 3.218　对模型进行调整

（13）使用"面" 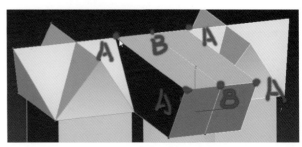级别，选择目标面，单击鼠标右键，执行"挤出" **挤出** 命令，并配合"移动" 工具，对模型进行适当调整。如图 3.219～图 3.221 所示。

（14）调整完成后，单击鼠标右键，选择"目标焊接" **目标焊接** ，选取 A，再选取 B，即可焊接成功。如图 3.222 和图 3.223 所示。

图 3.219　选择目标面

图 3.222　焊接 A、B 点位置

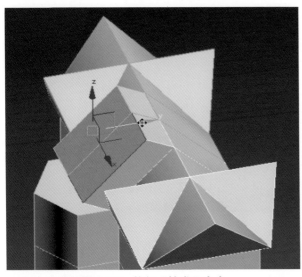

图 3.220　执行"挤出"命令

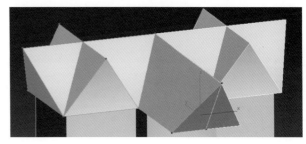

图 3.223　焊接后效果

（15）使用"面" 级别，选择目标面，选取不需要的面，单击 Delete 键删除。如图 3.224 和图 3.225 所示。

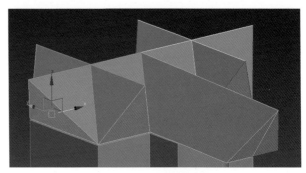

图 3.224　不需要的面

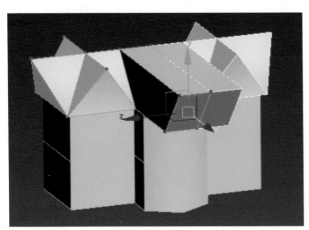

图 3.221　对模型进行调整

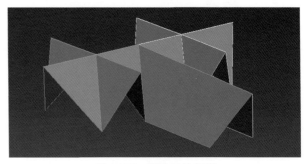

图 3.225　删除后的效果

（16）选择别墅主体模型，选择目标线段，单击鼠标右键，执行"连接" 连接 命令，选择添加一条中间线。使用"面" ▣ 级别，选择目标面，单击 Delete 键删除。如图 3.226 和图 3.227 所示。

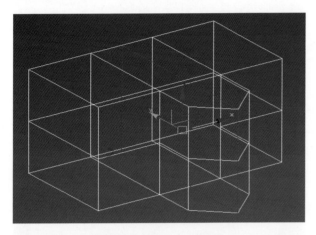

图 3.226　添加一条中间线

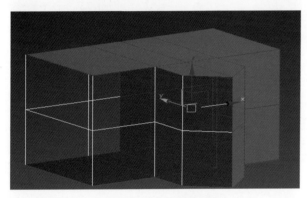

图 3.227　需要删除的面

（17）选择添加右侧的"修改器列表"中的"对称" 对称 命令，以方便继续细化模型。如图 3.228 和图 3.229 所示。

图 3.228　添加"对称"命令

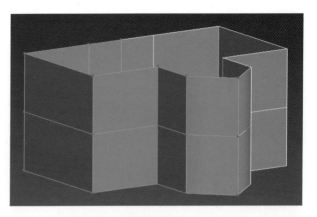

图 3.229　添加"对称"命令效果

（18）使用"边" ▬ 级别，选择目标线段，按住 Shift 键，配合移动命令，向上拖拽，执行右侧命令面板中的"塌陷" 塌陷 命令。如图 3.230～图 3.232 所示。

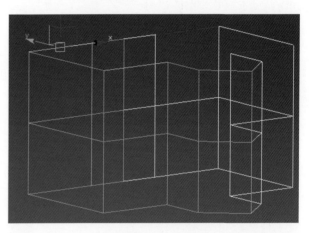

图 3.230　目标线段

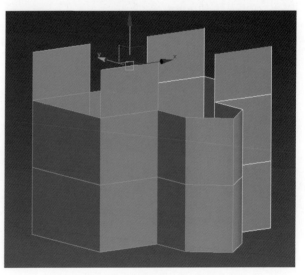

图 3.231　按住 Shift 键，并向上拖拽

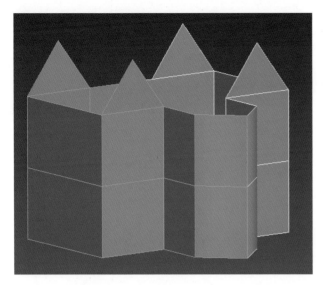

图 3.232　执行"塌陷"命令后的效果

（19）对模型进行适当调整后，使用同样的方法，分别对模型侧面和正面进行修补。如图 3.233 所示。

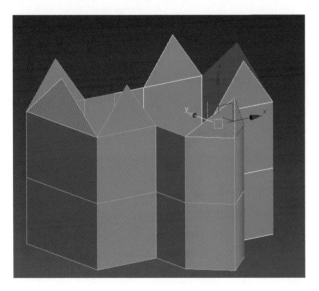

图 3.233　修补侧面和正面

（20）选择屋顶模型，在右侧修改器列表中选择"壳"命令 壳 ，为模型增加厚度，并配合"移动" 工具，对模型进行适当调整。如图 3.234 和图 3.235 所示。

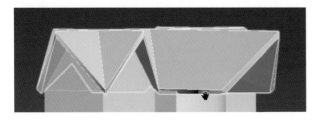

图 3.234　增加厚度

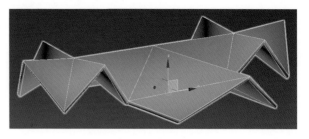

图 3.235　适当调整造型

（21）切换到"顶"视图，单击"创建" 面板，选择右侧命令面板中的"圆柱体" 圆柱体 ，创建圆柱体模型，设置"边数"为"8"，使用"点" 级别，对模型衔接处进行调整。如图 3.236 和图 3.237 所示。

图 3.236　创建圆柱体模型"边数"为"8"

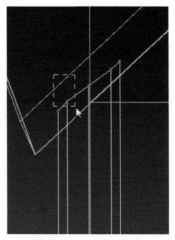

图 3.237　衔接处调整

（22）按住 Shift 键，将柱子进行复制摆放。如图 3.238 所示。

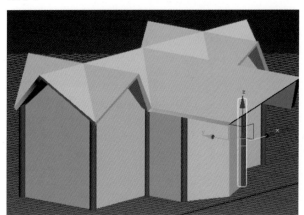

图 3.238　复制摆放

（23）切换到"顶"视图，单击"创建" 面板，选择右侧命令面板中的"长方体" 长方体 ，创建长方体模型，并适当调整造型，用于制作别墅地基。如图 3.239 所示。

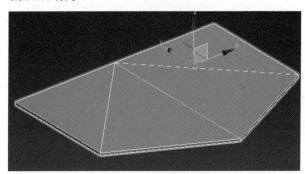

图 3.239　别墅地基

（24）选中别墅地基，按住 Shift 键，复制到二楼平台，使用"点" 级别，并配合"移动" 工具，对模型进行调整，即可产生二楼阳台效果。如图 3.240 和图 3.241 所示。

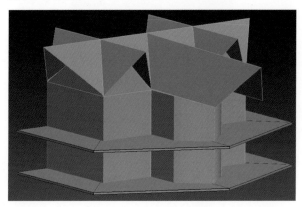

图 3.240　复制别墅地基

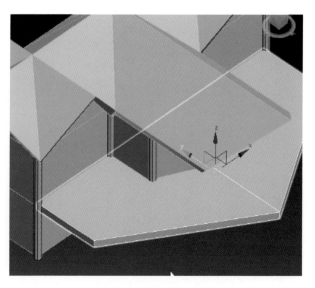

图 3.241　调整后的二楼阳台

（25）从原图上看，二楼阳台护栏、门前遮阳板等设施与前期创建的柱子造型相同，可共用。为了节约创建时间，可直接将柱子复制，并适当修改，以完成造型。

选择一根创建好的柱子，按住 Shift 键，将视图切换"前"视图，配合"旋转" 工具，进行 90 度旋转复制，形成遮阳板结构中的横向木条。如图 3.242 ～图 3.244 所示。

图 3.242　原图

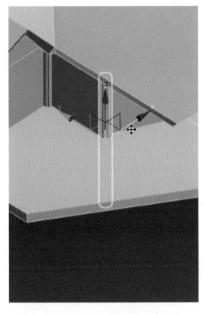

图 3.243　选择一根柱子

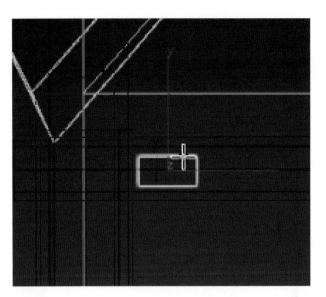

图 3.245　创建遮阳板中间的小木条

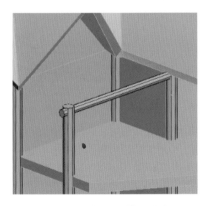

图 3.244　复制成横向木条

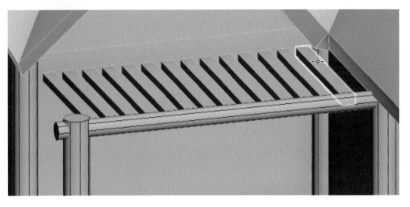

图 3.246　调节合适大小与位置后进行复制

（26）将视图切换成"前"视图，单击"创建" ![] 面板，选择右侧命令面板中的"长方体" ![长方体] ，创建长方体，用于制作遮阳板中间的小木条，并适当调整至适当位置。确认后，按住 Shift 键进行复制，并转换为可编辑多边形。如图 3.245 和图 3.246 所示。

（27）由于小木条模型相对多且零散，可以使用"组"命令，将模型临时捆绑，便于后期选择与管理。

成组方法：选中需要成组的模型，选择顶部菜单"组"，执行"组"命令，即可将模型临时捆绑。如图 3.247 和图 3.248 所示。

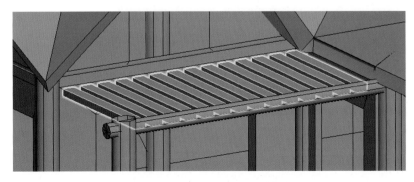

图 3.247　选中需要成组的模型

图 3.248　执行"组"命令

（28）将创建好的遮阳板模型临时成组后，选择"镜像" 工具，复制到反方向。如图 3.249 所示。

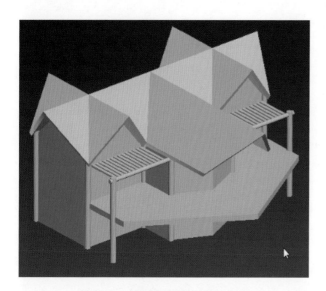

图 3.249　将遮阳板复制到反方向

（29）从原图上可看到每一扇窗户下方都有一根方形横梁，可以使用二维线段放样方式来快速完成横梁的创建。

选中房屋模型，使用"边" 级别，选择目标线段，执行"利用所选内容创建图形" 利用所选内容创建图形 命令，在同一位置即可复制生成样条线。如图 3.250 和图 3.251 所示。

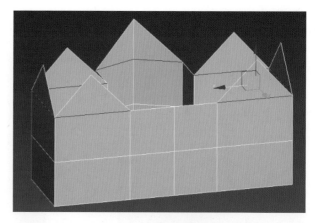

图 3.250　选择目标线段

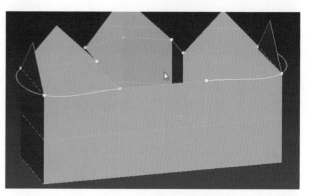

图 3.251　生成样条线

（30）选取样条线，使用"点" 级别，框选所有点，单击鼠标右键，执行"角点" 角点 命令，勾选"在渲染中启用""在视口中启用""使用视口设置""生成贴图坐标"选项，并选择"矩形"放样，即可生成三维模型。单击鼠标右键，转换为可编辑多边形，将模型固化。如图 3.252 和图 3.253 所示。

图 3.252　勾选参数

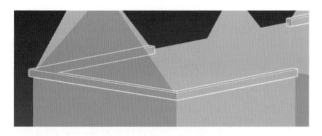

图 3.253　放样生成最终模型

（31）窗户的制作：

　　将视图切换"前"视图，单击"创建" 面板，选择右侧命令面板中的"管状体" 管状体 ，设置"边数"为"4"，搭配"角度捕捉切换" 工具，将模型旋转45 度角，即可生成窗框模型。如图 3.254 所示。

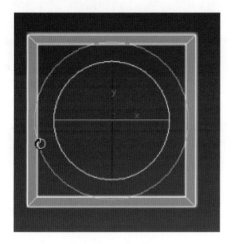

图 3.254　窗框模型

（32）使用"缩放" 工具，将模型调整至合适大小，并摆放至相应位置。使用相同方法，依次创建出玻璃等内部结构。如图 3.255 和图 3.256 所示。

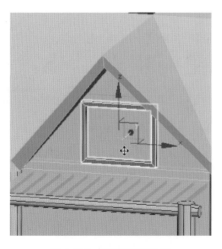

图 3.255　摆放窗框位置

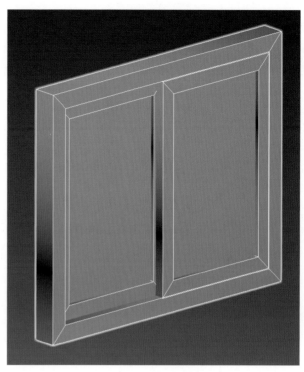

图 3.256　窗户完整结构

（33）为保证窗户与墙壁衔接得更加完整、美观，可在墙壁模型上使用"连接" 连接 命令添加线段，把和窗户重叠的面删除。如图 3.257 所示。

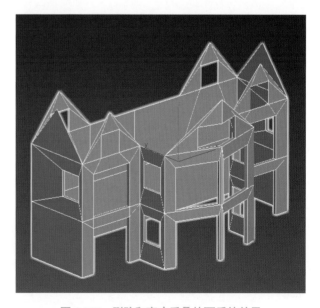

图 3.257　删除和窗户重叠的面后的效果

（34）按住 Shift 键，配合"移动" 工具，复制窗户模型。依次摆放到预留位置，并进行适当调整。如图 3.258 所示。

图 3.258　窗户复制完成后的效果

（35）护栏的创建：

切换到"顶"视图，单击"创建" ![icon] 面板，选择右侧命令面板中的"圆柱体" 圆柱体 ，创建圆柱体模型，并适当调整，摆放至相应位置，用于制作护栏。如图 3.259 所示。

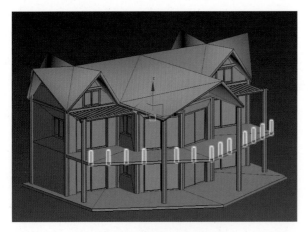

图 3.259　添加护栏后的效果

（36）由于护栏中间挡板较薄且镂空较多，制作时，通常会采用透明贴图来表现，所以只需要使用平面创建挡板即可。

切换到"前"视图，单击"创建" ![icon] 面板，选择右侧命令面板中的"平面" 平面 ，创建平面模型，并适当调整，摆放至相应位置，用于制作挡板。如图 3.260 所示。

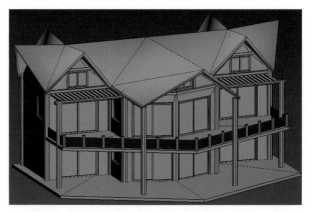

图 3.260　添加挡板后效果

（37）单击鼠标右键，选择"全部取消隐藏" 全部取消隐藏 ，将地形与别墅进行整合。如图 3.261 所示。

图 3.261　整合后的效果

3.3.2　别墅模型 UV 分配

（1）选择屋顶模型，打开"材质编辑器" ![icon] ，选择任意一颗材质球，选取"漫反射" 漫反射: ![icon] ，在出现的"材质 / 贴图浏览器"中选择"棋盘格" ![icon] 棋盘格 。如图 3.262 和图 3.263 所示。

图 3.262 选择屋顶模型

图 3.263 选择"棋盘格"

（2）修改瓷砖密度，并选择赋予模型 ，再单击"视口中显示明暗处理材质" 。如图 3.264 和图 3.265 所示。

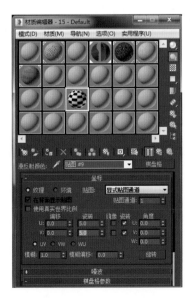

图 3.264 修改瓷砖密度

图 3.265 棋盘格赋予后的效果

（3）执行"UVW 展开" UVW 展开 命令，选择"打开 UV 编辑器" 打开 UV 编辑器… 。如图 3.266 和图 3.267 所示。

此时看到的是 UV 初始状态，需要将模型尽可能平展开来。

图 3.266 "UVW 展开"命令

图 3.267 选择"打开 UV 编辑器"

（4）使用 UV 分配界面中的"面" 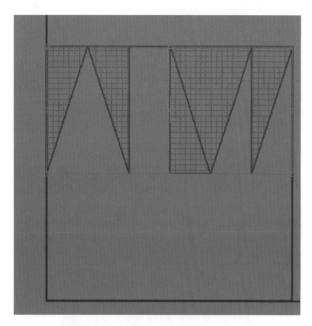 级别，将 UV 框中的面全选。如图 3.268 所示。

图 3.268　面全选

（5）执行顶部菜单栏"贴图"中的"展平贴图"命令，将面角度阈值设置为"180"，单击"确定"按钮。如图 3.269 和图 3.270 所示。

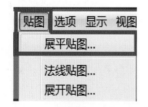

图 3.269　选择"展平贴图"

图 3.270　设置面角度阈值

（6）使用 UV 命令中的"线" 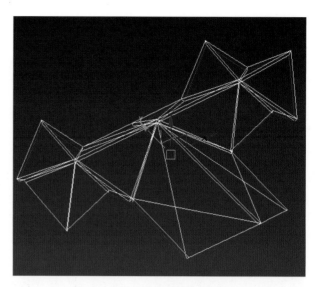 级别，在模型中选择需要切割的线段，在 UV 框中单击鼠标右键，执行"断开" 断开 命令。如图 3.271 所示。

图 3.271　需要切割的线段

（7）选择"UV 展开"命令中的"点" 级别，选中所有的点。如图 3.272 所示。

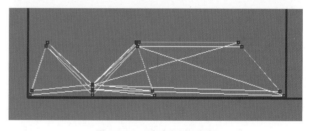

图 3.272　选中所有的点

（8）执行"松弛"命令，选择"由多边形角松弛"，单击"开始松弛"。如图 3.273 和图 3.274 所示。

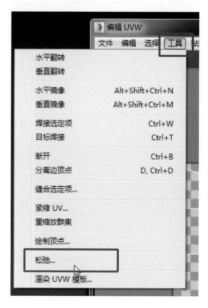

图 3.273　"松弛"命令

图 3.274　选择"由多边形角松弛"

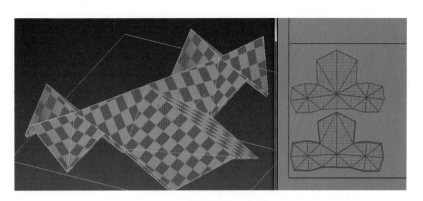

图 3.275　屋顶最终 UV

（9）松弛完成后，使用 UV 分配界面中的"移动" 、"旋转" 工具对 UV 进行摆放。使用"自由形式模式" 缩放调整 UV 大小，确定分配完成后，转换为可编辑多边形，将 UV 固化。如图 3.275 所示。

（10）选择房屋主体模型，打开"材质编辑器" ，选择任意一颗材质球，选取"漫反射" ，在出现的"材质/贴图浏览器"中选择"棋盘格" 棋盘格。如图 3.276 所示。

图 3.276　选择棋盘格

（11）修改瓷砖密度，并选择"赋予模型" ，再单击"视口中显示明暗处理材质" 。如图 3.277 和图 3.278 所示。

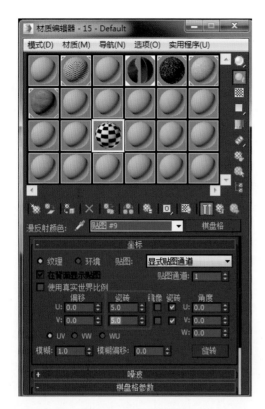

图 3.277　修改瓷砖密度

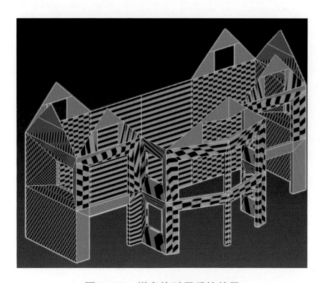

图 3.278　棋盘格赋予后的效果

（12）执行"UVW 展开"  命令，
选择"打开 UV 编辑器" **打开 UV 编辑器 …**。如图 3.279
和图 3.280 所示。

此时看到的是 UV 初始状态，需要将模型尽可能
平展开来。

图 3.279　"UVW 展开"
命令

图 3.280　选择"打开 UV
编辑器"

（13）使用 UV 分配界面中"面" ▣ 级别，将 UV
框中的面全选。如图 3.281 所示。

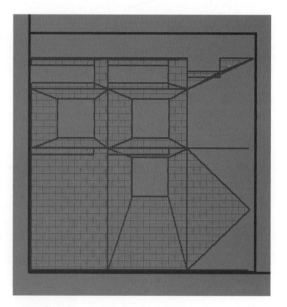

图 3.281　面全选

（14）执行顶部菜单栏"贴图"中的"展平贴图"命令，
将面角度阈值设置为 180，单击"确定"按钮。如图 3.282
和图 3.283 所示。

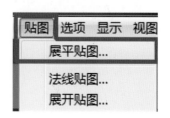

图 3.282　选择"展平贴图"命令

图 3.283 设置"面角度阈值"

（15）使用 UV 命令中的"线" 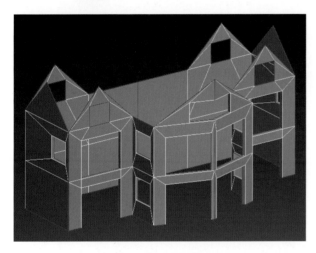 级别，在模型中选择需要切割的线段，在 UV 框中单击鼠标右键，执行"断开" 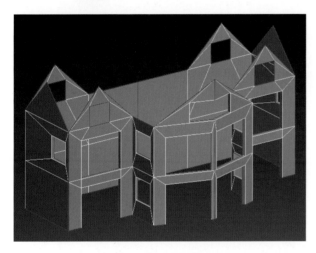 命令。如图 3.284 所示。

图 3.284 需要切割的线段

（16）选择"UV 展开"命令中的"点" 级别，选中所有的点。如图 3.285 所示。

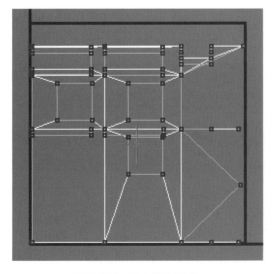

图 3.285 选中所有的点

（17）执行"松弛"命令，选择"由多边形角松弛"，单击"开始松弛"。如图 3.286 和图 3.287 所示。

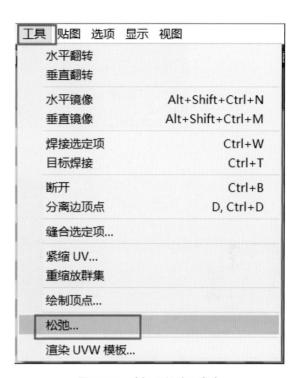

图 3.286 选择"松弛"命令

图 3.287 选择"由多边形角松弛"

（18）松弛完成后，使用 UV 分配界面中的"移动" 、"旋转" 工具对 UV 进行摆放，使用"自由形式模式" 调整 UV 大小。确定分配完成后，转换为可编辑多边形，将 UV 固化。如图 3.288 所示。

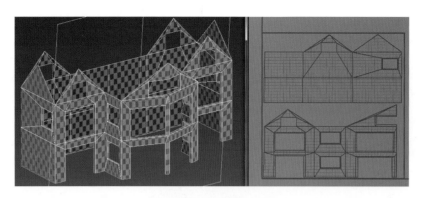

图 3.288　屋顶最终 UV

（19）柱子的 UV 分配：

选择柱子模型，将顶和底中看不见的部分选中，单击键盘上的 Delete 键将面删除。打开"材质编辑器" ，选择将棋盘格 赋予模型 ，执行"UVW 展开" UVW 展开 命令，选择"打开 UV 编辑器"，选择"UV 展开"命令中的"点" 级别，选中所有的点，执行"松弛"命令，选择"由多边形角松弛"，单击"开始松弛"。松弛完成后，使用 UV 分配界面中的"移动" 、"旋转" 工具对 UV 进行摆放。确定分配完成后，转换为可编辑多边形，将 UV 固化。如图 3.289 和图 3.290 所示。

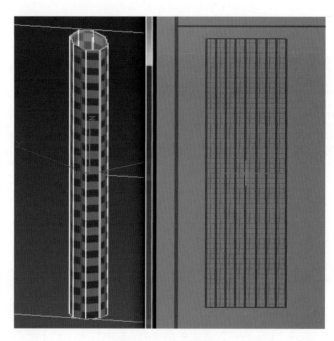

图 3.290　最终 UV

（20）柱子 UV 分配完成后，按住 Shift 键，并搭配"移动" 工具，将场景柱子进行复制，并微调。完成的效果如图 3.291 所示。

图 3.289　删除看不见的部分

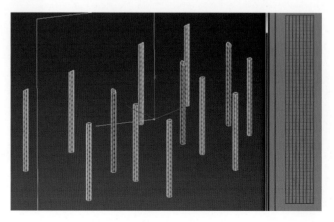

图 3.291　完成的效果

（21）小木条的 UV 分配：

选择小木条模型，将"两端"看不见的部分选中，单击键盘上的 Delete 键将面删除。打开"材质编辑器" ，选择将棋盘格赋予模型。执行"UVW 展开" 命令，选择"打开 UV 编辑器"，选择"UV 展开"命令中的"点" 级别，选中所有的点，执行"松弛"命令，选择"由多边形角松弛"，单击"开始松弛"。松弛完成后，使用 UV 分配界面中的"移动" 、"旋转" 工具对 UV 进行摆放。确定分配完成后，转换为可编辑多边形，将 UV 固化。如图 3.292 和图 3.293 所示。

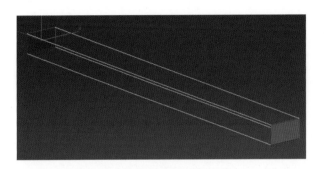

图 3.292　删除看不见的部分

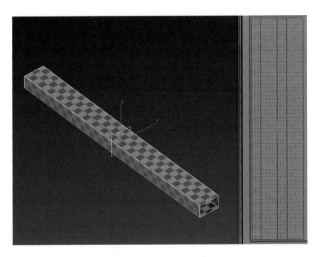

图 3.293　将 UV 固化的效果

（22）小木条 UV 分配完成后，按住 Shift 键，并搭配"移动"工具，将场景柱子进行复制，并微调。完成的效果如图 3.294 所示。

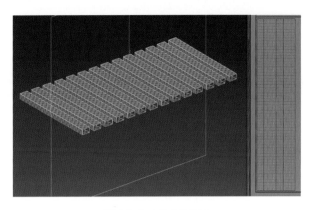

图 3.294　完成的效果

（23）房梁的 UV 分配：

选择房梁模型，将看不见的部分选中，单击键盘上的 Delete 键将面删除。打开"材质编辑器" ，选择将棋盘格赋予模型，执行"UVW 展开" 命令，选择"打开 UV 编辑器"，选择"UV 展开"命令中的"线" 级别，选择需要切割的线段，在 UV 框中单击鼠标右键，执行"断开" 命令。如图 3.295 和图 3.296 所示。

图 3.295　需要删除的面

图 3.296　需要切割的线段

（24）选择"UV 展开"命令中的"点" 级别，选中所有的点，执行"松弛"命令，选择"由多边形角松弛"，单击"开始松弛"。松弛完成后，使用 UV 分配界面中的"移动" 、"旋转" 工具对 UV 进行摆放。确定分配完成后，转换为可编辑多边形，将 UV

固化。如图 3.297 所示。

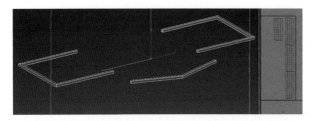

图 3.297　分配完成

（25）地基的 UV 分配：

选择地基模型，将可对称的部分面选中，单击键盘上的 Delete 键将面删除。打开"材质编辑器" ，选择将棋盘格 赋予模型 ，执行"UVW 展开" 命令，选择"打开 UV 编辑器"，选择"UV 展开"命令中的"线" 级别，选择需要切割的线段，在 UV 框中单击鼠标右键，执行"断开" 命令。如图 3.298 和图 3.299 所示。

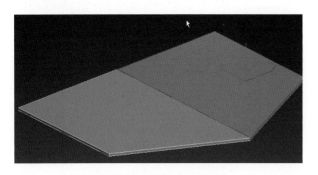

图 3.298　可对称的部分面

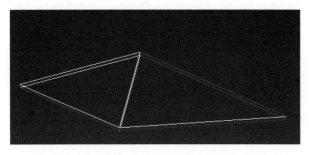

图 3.299　选择需要切割的线段

（26）选择"UV 展开"命令中的"点" 级别，选中所有的点，执行"松弛"命令，选择"由多边形角松弛"，单击"开始松弛"。松弛完成后，使用 UV 分配界面中的"移动" 、"旋转" 工具对 UV 进

行摆放。确定分配完成后，转换为可编辑多边形，将 UV 固化。如图 3.300 所示。

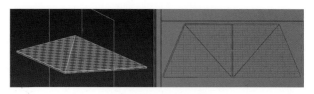

图 3.300　分配完成

（27）确定此部分 UV 分配完成后，执行右侧命令面板中的"对称" 命令，将分好 UV 的房梁恢复成完整状态。确定后转换为可编辑多边形，将模型固化。如图 3.301 所示。

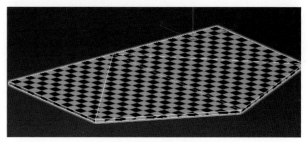

图 3.301　恢复状态

（28）地基 UV 分配完成后，按住键盘上的 Shift 键，搭配"移动" 工具，将地基模型向上复制，并适当调整大小，用于制作阳台。如图 3.302 所示。

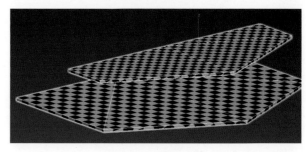

图 3.302　复制上移

（29）护栏的 UV 分配：由于护栏的模型是由单层平面创建而成的，所以 UV 分配的步骤相对简单。

选择护栏模型，打开"材质编辑器" ，选择将棋盘格 赋予模型 ，执行"UVW 展开" 命令，选择"打开 UV 编辑器"，选择"UV 展开"命令中的"点" 级别，选中所有的点，执行"松弛"命令,选择"由多边形角松弛",单击"开始松弛"。松弛完成后,使用 UV 分配界面中的"移动" 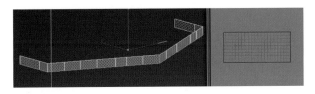 命令对 UV 进行重叠摆放。确定分配完成后,转换为可编辑多边形,将 UV 固化。如图 3.303 所示。

图 3.303　分配完成

（30）窗户的 UV 分配:

选择窗户模型,打开"材质编辑器" ,选择将棋盘格 赋予模型 ,执行"UVW 展开" 命令,选择"打开 UV 编辑器",选择"UV 展开"命令中的"线" 级别,选择需要切割的线段,在 UV 框中单击鼠标右键,执行"断开" 命令。如图 3.304 所示。

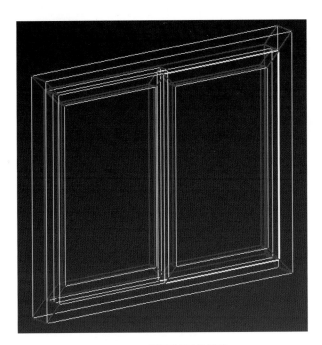

图 3.304　需要切割的线段

（31）选择"UV 展开"命令中的"点" 级别,选中所有的点,执行"松弛"命令,选择"由多边形角松弛",单击"开始松弛"。松弛完成后,使用 UV 分配界面中的"移动" 工具对 UV 进行重叠摆放。确定分配完成后,转换为可编辑多边形,将 UV 固化。

如图 3.305 所示。

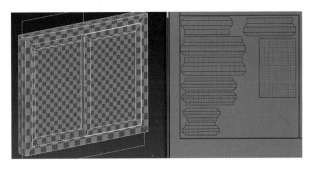

图 3.305　分配完成

（32）窗户 UV 分配完成后,按住 Shift 键单击"移动" 工具,将场景窗户进行复制,并微调。完成的效果如图 3.306 所示。

图 3.306　复制场景窗户

（33）最终效果如图 3.307 所示。

图 3.307　最终效果

第 4 章
VR 场景模型

学习目标

- 建模思路解析。
- 了解 3ds Max 的模型创建制作流程。
- 掌握低精度 VR 游戏场景模型的布线方法与面数控制。
- 掌握 UV1 与 UV2 的作用与分配方法。
- 学会 UV 的整合与导出方法。

VR 游戏模型可分为很多种类：第一类是最重要的场景建筑类模型，如经常看到的房子、大山、河流、森林等。这类模型一直被玩家津津乐道，整体的游戏风格也是由此类模型来决定并呈现的。第二类模型是载具、道具类模型，如场景中的一些武器、战车、盔甲、桌子、凳子等，这一类模型在场景中也是非常重要的，起到了点缀的作用。道具类模型在游戏中的制作相对来说比较简单，但场景类模型制作的成功与否将直接影响着游戏的整体质量与风格。

本章以低精度 VR 游戏场景模型为例，让大家来系统地学习场景类模型的制作标准流程与方法。

※ 4.1 低精度场景模型制作特点

　　建模的方法有很多种，多边形建模是众多方法中使用率最高的一种，它的原理是通过添加和删除一些简单的几何体来完成形体的塑造。因为这种建模方式操作简单，掌握起来较容易，所以也是最常用的建模方法。

　　低精度模型大多应用在游戏行业，这是为了满足运行的流畅性，所以低精度模型在面数控制上较为苛刻，要求能用最少的面，最大化地表现出模型的结构、层次、比例等造型。

　　所以，在制作模型过程中，多数会采用四方连续、二方连续、透明贴图等特殊贴图，来提高模型显示效果。如图 4.1 所示。

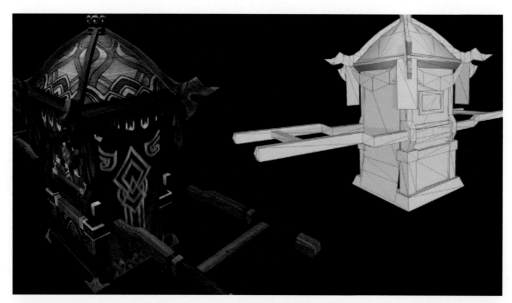

（a）

（b）

图 4.1　低精度场景特点
（a）低模写实风格——轿子；（b）低模 Q 版风格——杂货铺

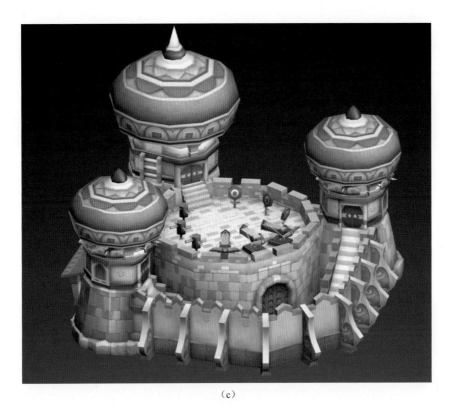

（c）

图 4.1　低精度场景特点（续）

（c）低模 Q 版风格——城堡

※ 4.2　低精度场景种类

低精度场景广泛应用于家装、医疗、教育、游戏、商业、地产等各种领域，所以场景类型也相对较多，如欧式风格、魔幻风格、Q 版风格、中式风格、写实风格等多种多样，如图 4.2 所示。

（a）

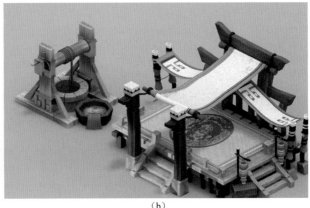

（b）

图 4.2　低精度场景种类

（a）欧式风格——祭台；（b）Q 版风格——格斗台

（c）

（d）

（e）

图 4.2　低精度场景种类（续）

（c）魔幻风格——魔窟；（d）写实风格——过道一角；（e）写实风格——中式建筑

（f）　　　　　　　　　　　　　　　　　（g）

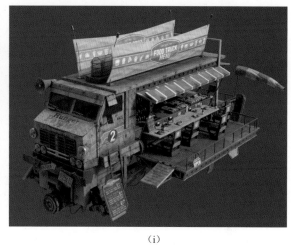

（h）　　　　　　　　　　　　　　　　　（i）

图 4.2　低精度场景种类（续）

（f）魔幻风格——魔法台；（g）Q 版风格——坦克；（h）写实风格——枪；（i）Q 版风格——车

※　4.3　（案例）欧式写实类场景制作

欧式风格分为多种：典雅的古代风格，精致的中世纪风格，富丽的文艺复兴风格，浪漫的巴洛克、洛可可风格，庞贝式、帝政式的新古典风格。如图 4.3 所示。

（a）

（b）

（c）

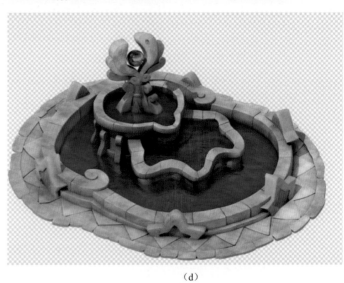

（d）

图 4.3　欧式建筑

（a）写实欧式古代建筑；（b）Q 版中世纪建筑；（c）Q 版风格矮房；（d）欧式小物件

4.3.1　欧式建筑模型的创建

那么如何建造出欧式建筑呢？建造欧式建筑有哪些难点呢？下面就给大家带来欧式建筑的建造教程。

原图如图 4.4 所示。

图 4.4　原图

（1）打开 3ds Max，首先将系统单位统一改为厘米，这样对于后期合并场景有很大便利，不至于出现单位不统一、比例不统一等问题。

单位设置：单击"自定义"→"单位设置"。在没有特殊要求的情况下，单位设为厘米。如图 4.5 所示。

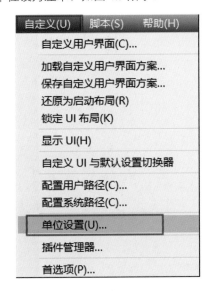

（a）

图 4.5　单位设置

（b）

（c）

图 4.5　单位设置（续）

（2）将 3ds Max 切换到最大视窗（快捷键 Alt+W），去掉 3ds Max 中的网格（G 键），切换到"顶"视图，单击"创建" 面板，选择右侧命令面板"长方体" 长方体 ，创建长方体模型，将"高度分段"设置为"3"，转换为可编辑多边形（右键菜单）。如图 4.6 所示。

用最基本的长方体，通过使用简单的分段，控制模型基本比例，方便后期继续将模型细化。

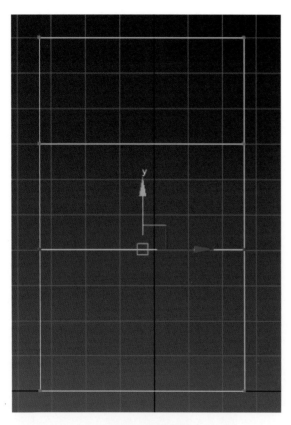

图 4.6　模型分段

（3）使用"点" 级别，配合"移动" 工具，对模型布线位置进行适当调整。为了调整出三角形屋顶造型，使用"线" 级别。选择头尾两端线段，如图 4.7 所示。

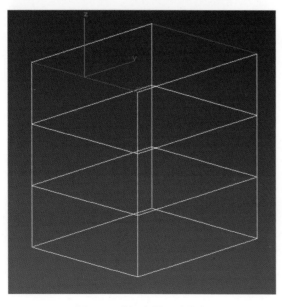

图 4.7　选择头尾两端线段

（4）执行右侧命令面板中的"塌陷" **塌陷** 命令，即可得到三角形屋顶基本效果。适当调整大小与位置，如图 4.8 所示。

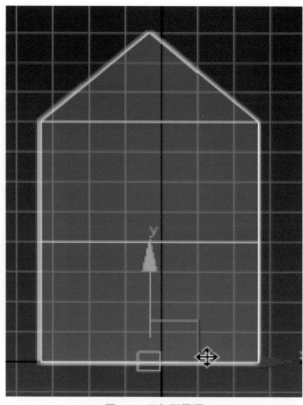

图 4.8　三角形屋顶

（5）由于原图两栋楼的造型相似，所以可以以复制的方式创建另一栋楼。

选中创建好的模型，配合"角度捕捉切换" 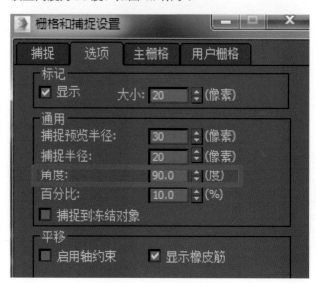工具，设置角度为 90 度。如图 4.9 所示。

图 4.9　角度捕捉切换

（6）使用"旋转" 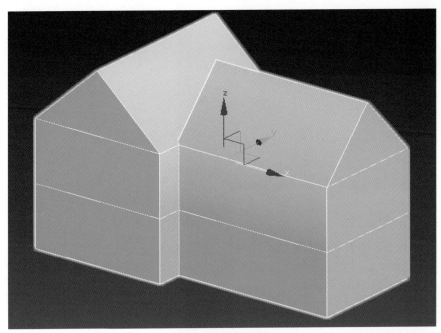工具，长按 Shift 键进行模型复制，并使用"移动" 工具调整至相应角度。如图 4.10 所示。

图 4.10 复制模型

（7）基础模型完成后，切换到"顶"视图，选择右侧命令面板中的"长方体" 长方体，再创建一个相同大小的长方体模型，用于制作地基。使用"线" 级别，选择头尾两端目标线，单击鼠标右键，执行"连接" 连接 命令，在两端分别添加一条线。如图 4.11 所示。

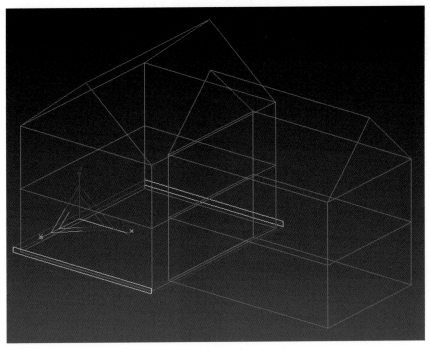

（a）

图 4.11 增加线

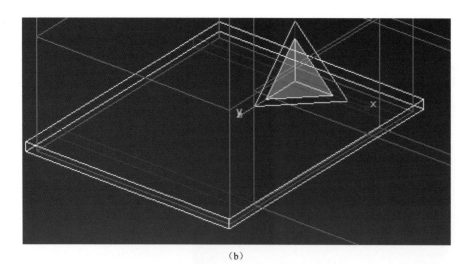

（b）

图 4.11　增加线（续）

（8）使用"面" ■ 级别，选择目标面，单击鼠标右键，执行"挤出" 挤出 命令，并使用"移动" ✛ 工具进行适当调整。如图 4.12 和图 4.13 所示。

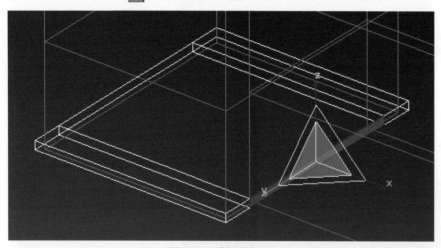

图 4.12　选择目标面

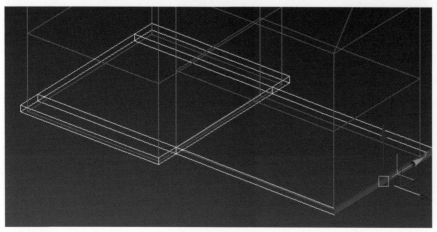

图 4.13　执行"挤出"命令

（9）增加地基后的效果如图 4.14 所示。

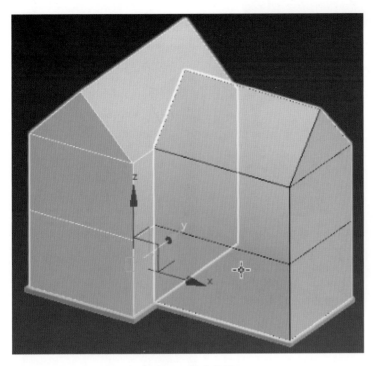

图 4.14　整合效果

（10）选择地基模型，长按 Shift 键进行复制，使用"移动" 🔀 工具向上调整，用于充当二层建筑楼板。如图 4.15 所示。

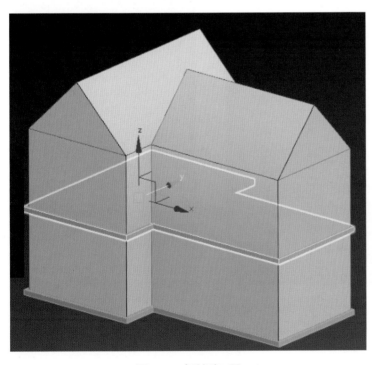

图 4.15　复制到二层

（11）切换到"顶"视图，选择右侧命令面板"长方体" 长方体 ，再创建一个长方体模型，用于制作二楼阳台，并使用"缩放" 🔧 工具对厚度进行调整。如图 4.16 ～图 4.18 所示。

图 4.16　原图

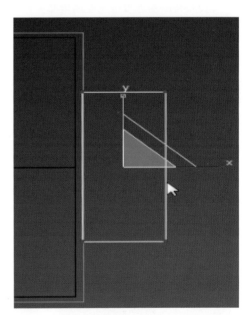

图 4.17　创建长方体

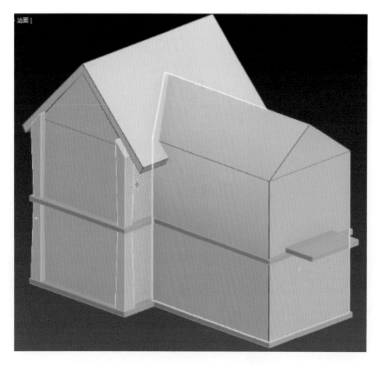

图 4.18　二楼阳台整合效果

（12）在原图上看每一面墙角都有方形柱子，可以使用二维线段放样方式来快速完成横梁的创建。

选中房屋模型，使用"边" ▨ 级别，选择目标线段，执行"利用所选内容创建图形" 利用所选内容创建图形 命令，在同一位置即可复制生成样条线。如图 4.19 和图 4.20 所示。

图 4.19　原图

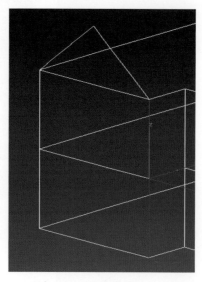

图 4.20　选择目标线段

（13）选取样条线，使用"点" ▨ 级别，框选所有点，单击鼠标右键，执行"角点" 角点 命令，勾选"在渲染中启用""在视口中启用""使用视口设置""生成贴图坐标"选项，并选择"矩形"放样，即可生成三维模型。

单击鼠标右键，转换为可编辑多边形，将模型固化。如图 4.21 和图 4.22 所示。

图 4.21　放样参数设置

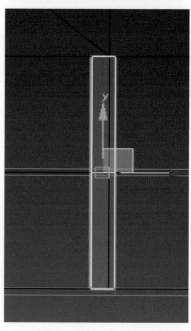

图 4.22　生成三维模型

（14）如出现模型中心点偏移情况，先选中需要修改的模型，选择"右侧命令面板"→"层次"▦️，激活"仅影响轴" 仅影响轴 命令，选择"居中到对象" 居中到对象，在解除"仅影响轴" 仅影响轴 命令后，即可将模型中心点自动归位。如图 4.23 和图 4.24 所示。

（15）选中线段放样（在 3ds Max 中，有一种放样工具可以在选定的路径上放置任意数量和形状的截面造型，并自动插补连接，从而生成三维模型，此工具用起来非常方便）出的柱子模型，选择"点"▦️级别，并使用"缩放"▦️工具对模型进行调整。如图 4.25 所示。

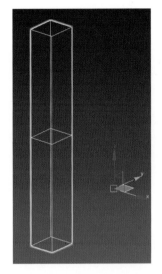

图 4.23　轴心修改前

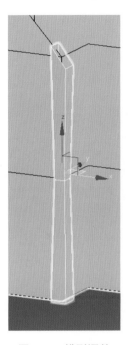

图 4.25　模型调整

（16）调整完成后使用"镜像"▦️工具，复制场景中所有柱子，如图 4.26 所示，并使用"移动"▦️工具对模型位置进行微调。

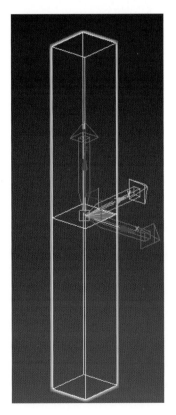

图 4.24　轴心修改后

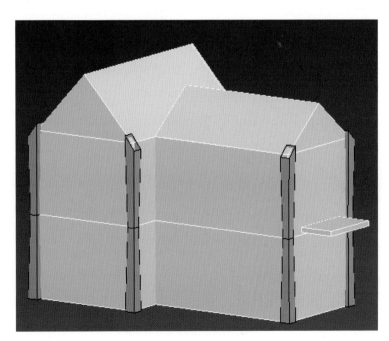

图 4.26　复制柱子

（17）使用"面" ■ 级别，选取目标面，在右侧命令面板中执行"分
离" 分离 命令，即可将选中的面独立分离出来，用于细化后，制作屋
顶。如图 4.27 和图 4.28 所示。

（18）选取分离出的面，
在右侧"修改器列表"中增
加"壳" 壳 命令，并使用"缩
放" 工具与"移动" 工
具对模型进行调整。如图 4.29
所示。

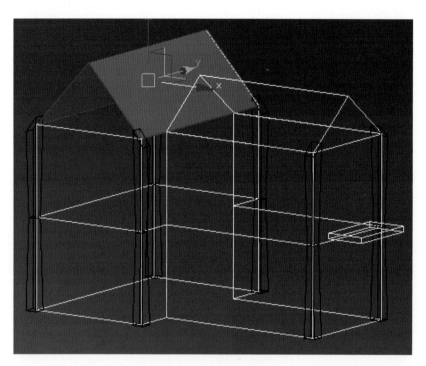

图 4.27　选取目标面

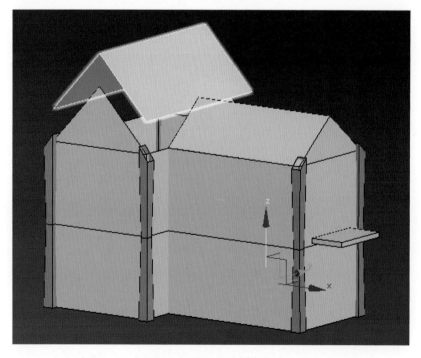

图 4.28　面独立分离出来

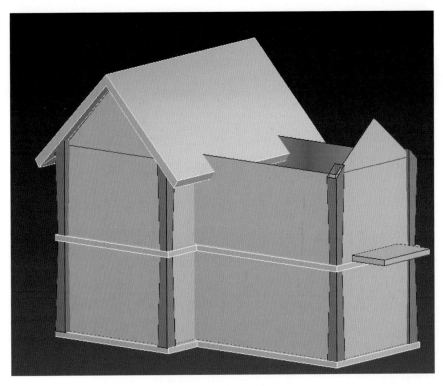

图 4.29　增加"壳"命令

（19）选择屋顶模型，长按 Shift 键进行复制，并使用"旋转" 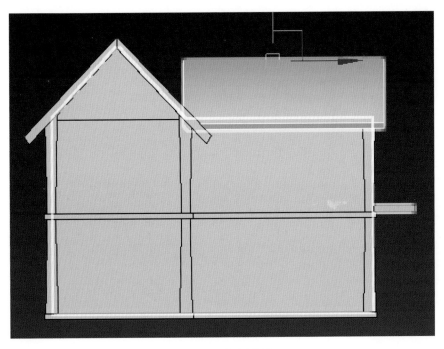 工具，将模型复制到另一侧屋顶。选择"点" 级别，并使用"移动" 工具，适当调整屋顶之间的衔接。如图 4.30 和图 4.31 所示。

图 4.30　复制屋顶

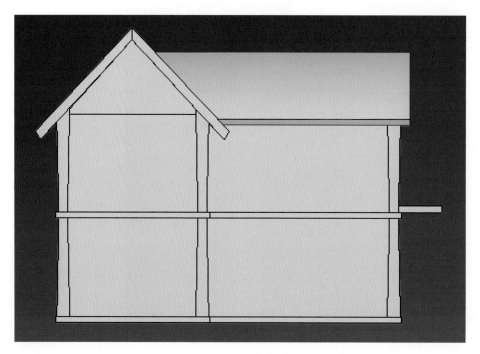

图 4.31　调整屋顶衔接

（20）切换到"前"视图，选择右侧命令面板中的"管状体" ，创建一个合适大小的管状体模型，设置"边数"为 12，用于制作拱形门。将模型转换为可编辑多边形。如图 4.32 和图 4.33 所示。

图 4.32　原图

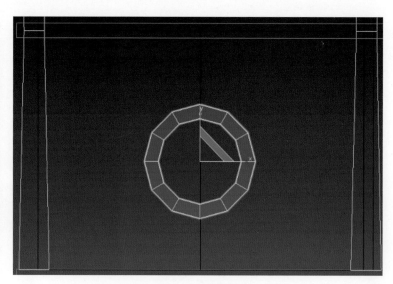

图 4.33　创建管状体

（21）选择"面"级别，选取目标面，并单击键盘上的 Delete 键将面删除。如图 4.34 和图 4.35 所示。

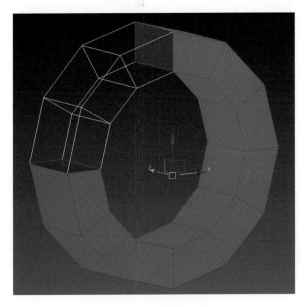

图 4.34 选取目标面

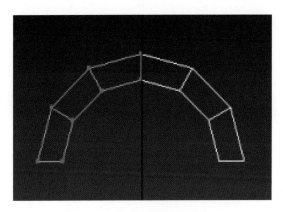

图 4.36 执行"对称"命令

（23）选择"边界"级别，按住 Shift 键进行复制，并使用"移动"工具向下移动，即可生成垂直门框。选择"点"级别，对模型进行细化调整，并将模型移动摆放至相应位置。如图 4.37 和图 4.38 所示。

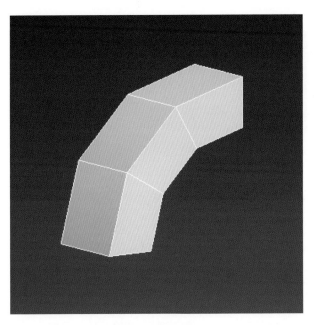

图 4.35 将面删除

（22）选择删除后的模型，在右侧"修改器列表"修改器列表▼中执行"对称"对称命令，以方便对模型进行进一步调整。如图 4.36 所示。

图 4.37 生成垂直门框

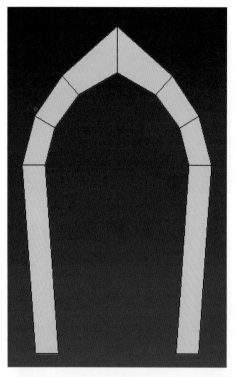

图 4.38　细化调整

（24）整合效果如图 4.39 所示。

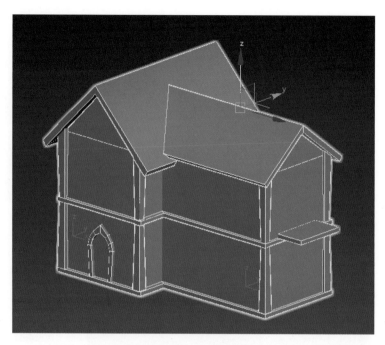

图 4.39　整合效果

（25）切换到"前"视图，选择右侧命令面板中的"长方体" 长方体 ，创建一个合适大小的长方体模型，用于制作横向木条。如图 4.40 和图 4.41 所示。

图 4.40　原图

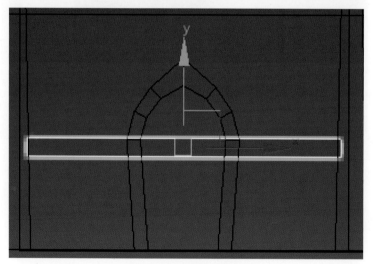

图 4.41　制作横向木条

（26）使用"边" ■级别，选择目标线段，单击鼠标右键，执行"连接" 连接 命令，选择增加两条线段。选择"面" ■级别，选择中间不需要的面，并单击键盘上的 Delete 键将底面删除。如图 4.42 和图 4.43 所示。

（28）切换到"前"视图，选择右侧命令面板中的"长方体" 长方体，创建一个合适大小的长方体模型，用于制作小阁楼。如图 4.45 和图 4.46 所示。

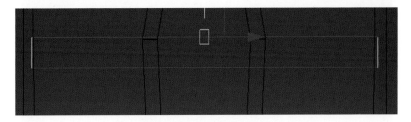

图 4.42　选择目标线段

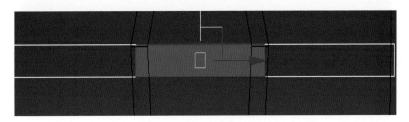

图 4.43　删除多余的面

图 4.45　原图

（27）使用"移动" ■、"旋转" ■、"缩放" ■工具进行调整，再按住 Shift 键复制，并将场景中所有的横向木条摆放好。如图 4.44 所示。摆放时，注意木条之间的层次结构关系。

图 4.44　复制并摆放所有木条

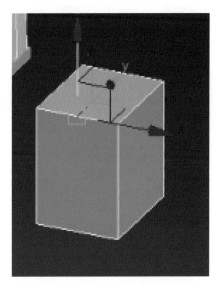

图 4.46　创建长方体

（29）选择"线" ■级别，选取目标线，使用"移动" ■工具将线段向上移动。如图 4.47 所示。

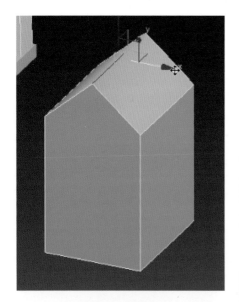

图 4.47　调整线段

（30）使用"面" ■ 级别，选取目标面，执行右侧命令面板中的"分离" 分离 命令，即可将选中的面独立分离出来。选取分离出的面，在右侧"修改器列表"中增加"壳" 壳 命令，并使用"缩放" 工具与"移动" 工具对模型进行调整。如图 4.48 所示。

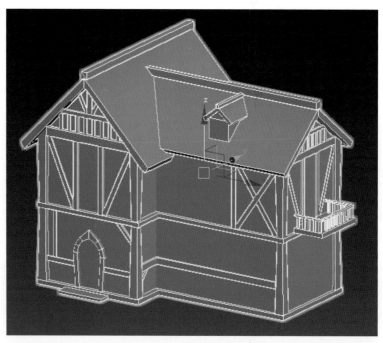

图 4.49　整合后效果

（32）切换到"顶"视图，选择右侧命令面板中的"长方体" 长方体 ，创建一个合适大小的长方体模型，用于制作烟囱。如图 4.50 所示。

图 4.48　增加"壳"命令

（31）选中创建好的小阁楼模型，使用"移动" 工具将模型摆放至与原图相同位置。整合后的效果如图 4.49 所示。

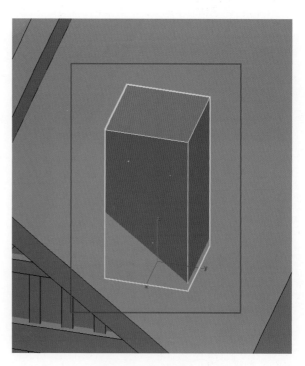

图 4.50　创建长方体

（33）选择"线"■■级别，选取目标线，单击鼠标右键，执行"连接"连接命令，增加两段线，并使用"缩放"⬚工具与"移动"✛工具对模型进行调整。如图 4.51 和图 4.52 所示。

（34）使用"面"■级别，选取目标面，单击鼠标右键，执行"挤出"挤出命令，选择"局部法线"局部法线方式挤出。如图 4.53 和图 4.54 所示。

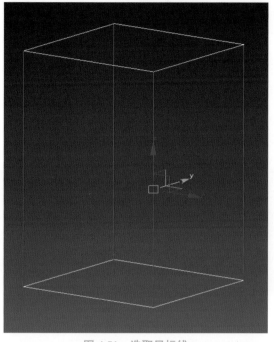

图 4.51　选取目标线

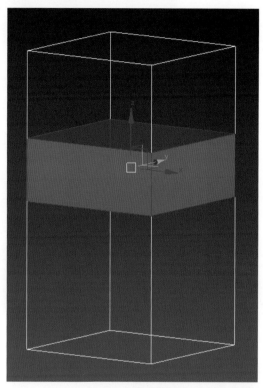

图 4.53　选取目标面

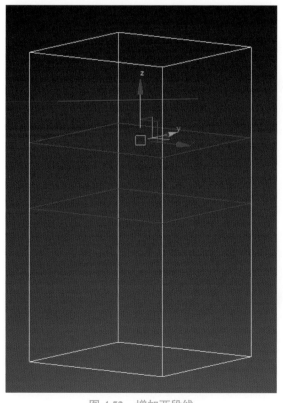

图 4.52　增加两段线

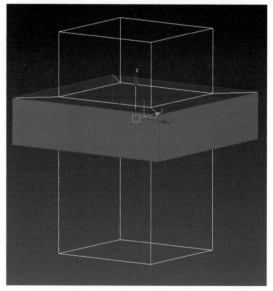

图 4.54　执行"挤出"命令

（35）使用"移动" 工具对模型进行调整与摆放。如图4.55所示。

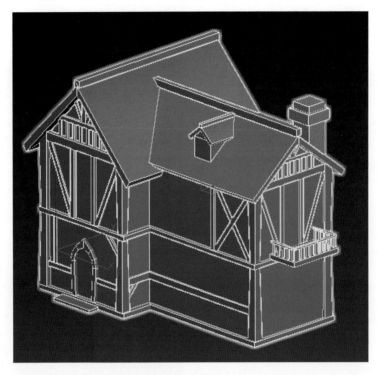

图4.55　整合效果

（36）图片中还有一些小金属配件，由于较薄且镂空较多，制作时通常会采用透明贴图来表现，所以只需要使用平面创建即可。

切换到"左"视图，单击"创建" 面板，选择右侧命令面板中的"平面" 平面 命令，创建平面模型，并使用"移动" 工具适当调整、摆放至相应位置。如图4.56和图4.57所示。

(a)　　　　　　　　　　　(b)　　　　　　　　　　　(c)

图4.56　小金属配件

图 4.57　创建平面并制作配件

4.3.2　欧式建筑模型 UV 分配

（1）选中横向木条模型，使用"面"▣级别，选择看不见的面，如图 4.59 所示，单击键盘上的 Delete 键将底面删除。

（37）整合后的效果如图 4.58 所示。

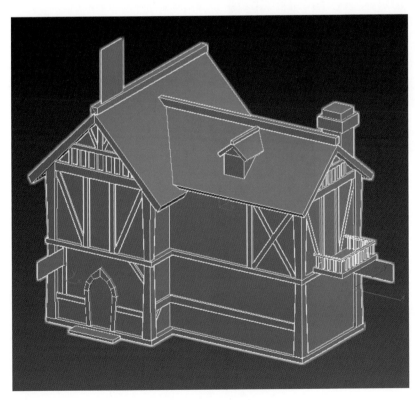

图 4.58　整合后的效果

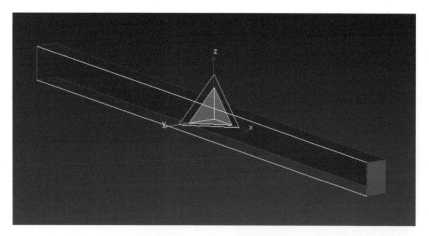

图 4.59　选择看不见的面

（2）打开"材质编辑器" ，选择任意一颗材质球，选取"漫反射" ，在出现的"材质/贴图浏览器"中选择"棋盘格" 。如图 4.60 所示。

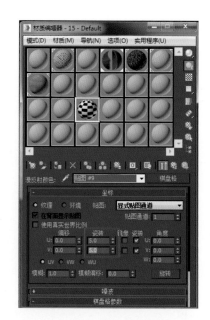

图 4.61　修改瓷砖密度

图 4.60　材质编辑器

（3）修改瓷砖密度，并选择赋予模型 ，再单击"视口中显示明暗处理材质" 。如图 4.61 和图 4.62 所示。

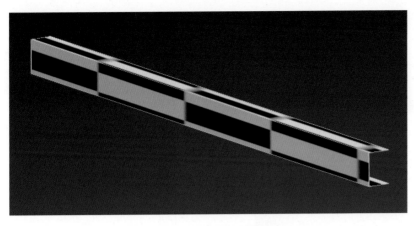

图 4.62 赋予棋盘格效果

（4）执行"UVW 展开"  命令，选择"打开 UV 编辑器" 。如图 4.63 和图 4.64 所示。

此时看到的是 UV 初始状态，需要将模型尽可能平展开来。

（6）执行"松弛"命令，选择"由多边形角松弛"，单击"开始松弛"。如图 4.66 和图 4.67 所示。

图 4.66 "松弛"命令

图 4.63 "UVW 展开"命令 图 4.64 选择"打开 UV 编辑器"

图 4.67 选择"由多边形角松弛"

（5）使用 UV 分配界面中的"面"级别，将 UV 框中的面全选。如图 4.65 所示。

（7）松弛后，使用 UV 分配界面中的"移动"、"旋转"工具对 UV 进行摆放，使用"自由形式模式"缩放调整 UV 大小。确定分配完成后，转换为可编辑多边形，将 UV 固化。如图 4.68 所示。

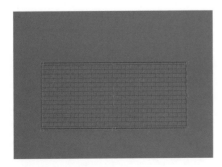

图 4.65 全选面

图 4.68　分配完成

（8）横向木条 UV 分配完成后，按住键盘上的 Shift 键，使用"移动"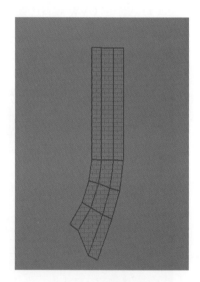
工具，将场景中所有柱子统一进行复制，并微调。完成效果如图 4.69 所示。

（10）打开"材质编辑器" ，选择将棋盘格 赋予模型 ，执行"UVW 展开" UVW 展开 命令，选择"打开 UV 编辑器"，选择"UV 展开"命令中的"点" 级别，选中所有的点，执行"松弛"命令，选择"由多边形角松弛"，单击"开始松弛"。确定分配完成后，转换为可编辑多边形，将 UV 固化。如图 4.71 所示。

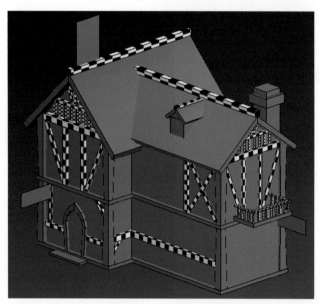

图 4.69　复制摆放

（9）选中拱形门模型，使用"面" 级别，选择看不见的面，如图 4.70 所示，单击键盘上的 Delete 键将面删除。

图 4.71　分配完成

（11）确定此部分 UV 分配完成后，执行右侧命令面板中的"对称" 对称 命令，将分好 UV 的拱形门复成完整状态。确定后转换为可编辑多边形，将模型固化。如图 4.72 所示。

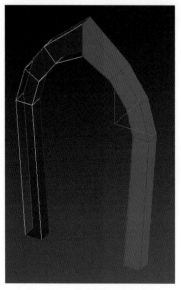

图 4.70　选择看不见的面

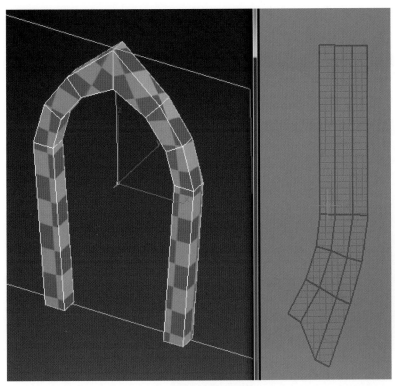

图 4.72　分配完成

（12）选择墙壁模型，使用"面" ![] 级别，选择看不见的面，如图 4.73
所示，单击键盘上的 Delete 键将面删除。

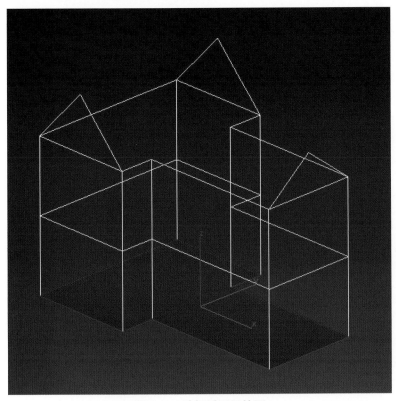

图 4.73　选择看不见的面

（13）打开"材质编辑器" 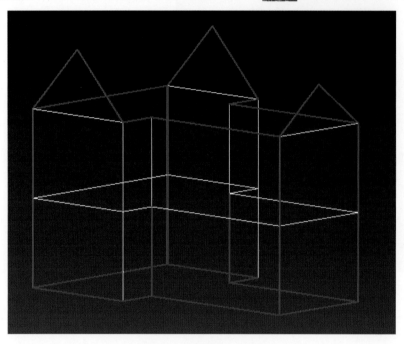，选择将棋盘格 赋予模型 ，执行"UVW 展开" UVW 展开 命令，选择"打开 UV 编辑器"，使用 UV 分配界面中的"面"
级别，将 UV 框中的面全选，执行顶部菜单栏"贴图"中的"展平贴图"命令，将面角度阈值设置为 180，单击"确定"按钮。使用 UV 命令中的"线" 级别，在模型中选择需要切割的线段，在 UV 框中单击鼠标右键，执行"断开" 断开 命令。如图 4.74 所示。

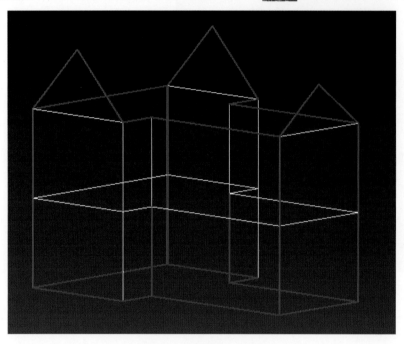

图 4.74　需要切割的线段

（14）选择"UV 展开"命令中的"点" 级别，选中所有的点，执行"松弛"命令，选择"由多边形角松弛"，单击"开始松弛"。松弛完成后，使用 UV 分配界面中的"移动" 、"旋转" 工具对"可重叠共用贴图"的 UV 进行摆放。使用"自由形式模式" 缩放调整 UV 大小，确定分配完成后，转换为可编辑多边形，将 UV 固化。如图 4.75 所示。

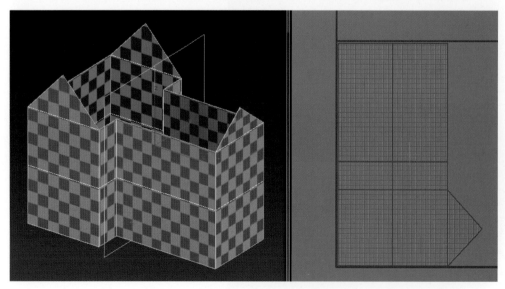

图 4.75　分配完成

（15）选择屋顶模型，使用"面"级别，选择看不见的面，单击键盘上的 Delete 键将面删除。打开"材质编辑器"，选择将棋盘格赋予模型，执行"UVW 展开"　UVW 展开　命令，选择"打开 UV 编辑器"，使用 UV 分配界面中的"面"级别，将 UV 框中的面全选，执行顶部菜单栏"贴图"中的"展平贴图"命令，将面角度阈值设置为 180，单击"确定"按钮。使用 UV 命令中的"线"级别，在模型中选择需要切割的线段，在 UV 框中单击鼠标右键，执行"断开"　断开　命令。如图 4.76 所示。

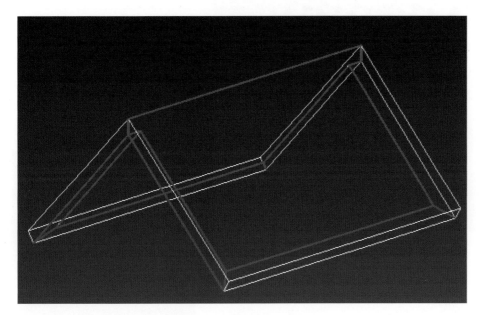

图 4.76　需要切割的线段

（16）选择"UV 展开"命令中的"点"级别，选中所有的点，执行"松弛"命令，选择"由多边形角松弛"，单击"开始松弛"。松弛完成后，使用 UV 分配界面中的"移动"、"旋转"工具对"可重叠共用贴图"的 UV 进行摆放。使用"自由形式模式"缩放调整 UV 大小，确定分配完成后，转换为可编辑多边形，将 UV 固化。如图 4.77 所示。

图 4.77　分配完成

（17）屋顶模型 UV 分配完成后，按住 Shift 键，并使用"移动"工具，将场景中所有屋顶统一进行复制并微调。完成效果如图 4.78 所示。

图 4.78　分配完成

（18）选择烟囱模型，使用"面"  级别，选择看不见的面，按 Delete 键将面删除。如图 4.79 所示。

图 4.79　选择看不见的面

（19）打开"材质编辑器" ，选择将棋盘格赋予模型 ，执行 "UVW 展开" UVW 展开 命令，选择"打开 UV 编辑器"，使用 UV 分配界面中的"面" 级别，将 UV 框中的面全选，执行顶部菜单栏"贴图"中的"展平贴图"命令，将面角度阈值设置为 180，单击"确定"按钮。使用 UV 命令中的"线" 级别，在模型中选择需要切割的线段，在 UV 框中单击鼠标右键，执行"断开" 断开 命令。如图 4.80 所示。

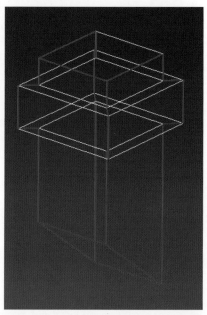

图 4.80　选择需要切割的线段

（20）选择"UV 展开"命令中的"点" 级别，选中所有的点，执行"松弛"命令，选择"由多边形角松弛"，单击"开始松弛"。松弛完成后，使用 UV 分配界面中的"移动" 、"旋转" 工具对"可重叠共用贴图"的 UV 进行摆放。使用"自由形式模式" 缩放调整 UV 大小，确定分配完成后，转换为可编辑多边形，将 UV 固化。如图 4.81 所示。

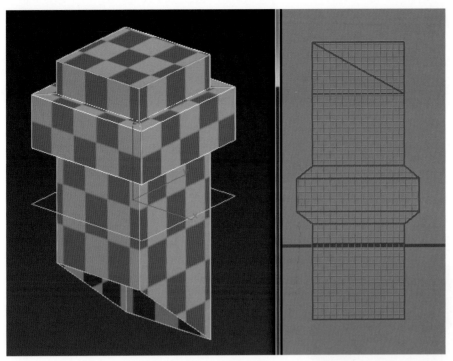

图 4.81　分配完成

（21）使用相同方法依次将所有模型进行 UV 分配，直到完成最终效果。如图 4.82 所示。

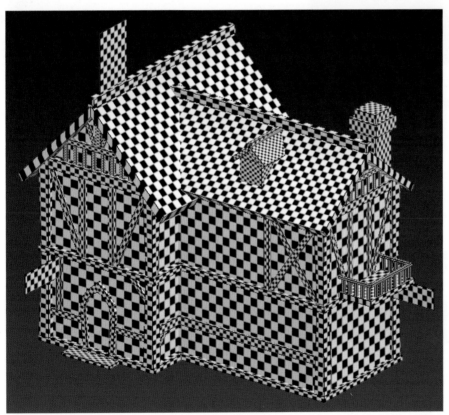

图 4.82　最终效果

※ 4.4 （案例）VR 模型—— Q 版寒舍

一个不会设计 Q 版风格的设计师，一定不是一个好设计师。Q 版游戏模型可爱、呆萌的特点深受男女游戏玩家的喜爱，因此 Q 版游戏风格一直很受欢迎。它的画风多种多样，种类也多种多样。很多初学场景制作的小伙伴们觉得设计 Q 版风格比较难，因为其造型更多的是歪歪扭扭的。让我们先来感受下 Q 版风格的魅力吧！如图 4.83 所示。

（c）

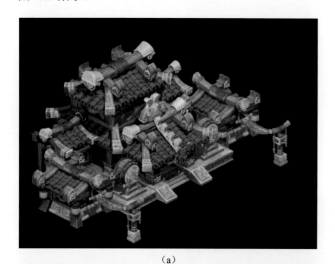

（a）

（b）

图 4.83　Q 版风格模型种类

（d）

图 4.83　Q 版风格模型种类（续）

（e）

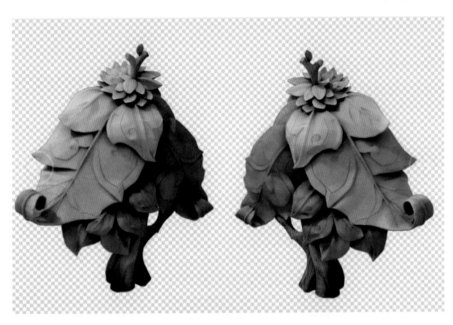

（f）

图 4.83　Q 版风格模型种类（续）

　　Q 版的可爱你感受到了吗？此章节就来学习如何创建 Q 版寒舍的模型吧！如
图 4.84 所示。

图 4.84　Q 版寒舍

　　虽然它是 Q 版风格，可以将比例关系适当表现得更为夸张，但由于 VR 是虚拟沉浸式体验，是以第一人称为视角的，故还需要充分考虑在 VR 中如何将人与景比例关系合理匹配，所以对尺寸的把控至关重要。

　　（1）打开 3ds Max，首先将系统单位统一改为厘米，这样对于后期合并场景有很大便利，不至于出现单位不统一、比例不统一等基础问题。

　　单位设置：单击"自定义"→"单位设置"，在没有特殊要求的情况下，将单位设为厘米。如图 4.85 所示。

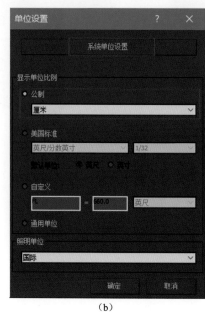

（a）　　　　　　　　　　　（b）

图 4.85　设置单位

（c）

图 4.85　单位设置（续）

（2）将 3ds Max 切换到最大视窗（快捷键 Alt+W），去掉 3ds Max 中网格（G 键），切换到"顶"视图，单击"创建" 面板，选择右侧命令面板中的"长方体" 长方体 ，创建长方体模型，将参数设置为"长度分段 =2，宽度分段 =3"。转换为可编辑多边形（右键菜单）。如图 4.86 所示。

　　用最基本的长方体，通过使用简单的分段，将模型基本比例控制出来，以方便后期继续将模型细化。

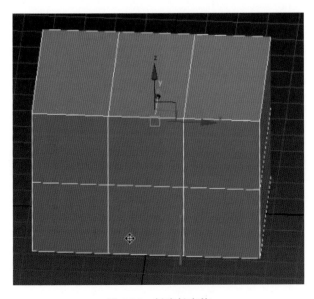

图 4.86　创建长方体

（3）切换到"顶"视图，选择右侧命令面板中的"长方体" 长方体 ，再创建一个相同大小的长方体模型，用于制作屋顶。为了调整出三角形屋顶造型，使用"线" 级别，选择头尾两端线段。如图 4.87 所示。

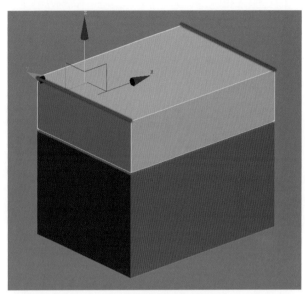

图 4.87　选择头尾两端线段

（4）执行右侧命令面板中的"塌陷" 塌陷 命令，即可得到三角形屋顶基本效果，适当调整大小与位置。如图 4.88 和图 4.89 所示。

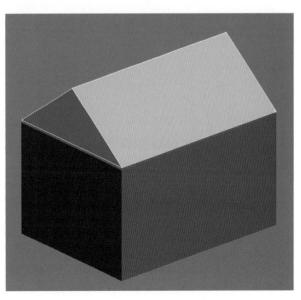

图 4.88　执行"塌陷"命令

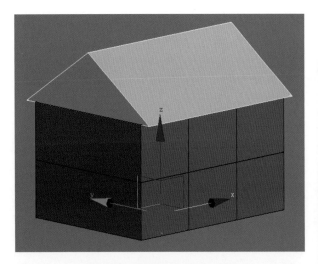

图 4.89 适当调整大小与位置

（5）使用"面" ■ 级别，选中底部面，单击鼠标右键，执行"挤出" ■■■■■■■ 挤出 ，创建出屋顶厚度。如图 4.90 和图 4.91 所示。

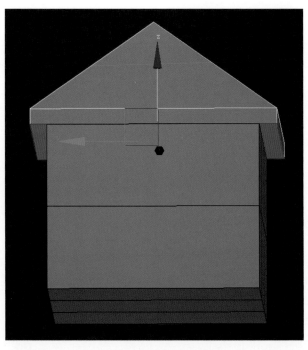

图 4.91 创建出屋顶厚度

（6）屋顶瓦片在造型上是有一定弧度的，使用"线" ◢ 级别，选中线，单击鼠标右键，执行"连接" ■■■■■■ 连接 命令，增加两条线，配合"缩放" ▣ 工具，并适当调节造型。如图 4.92 ~图 4.95 所示。

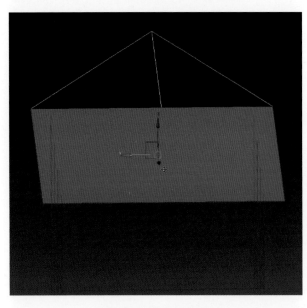

图 4.90 选中底部面

图 4.92 原图结构

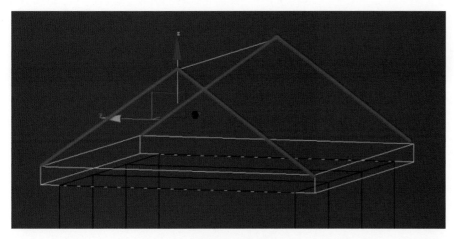

图 4.93　选线

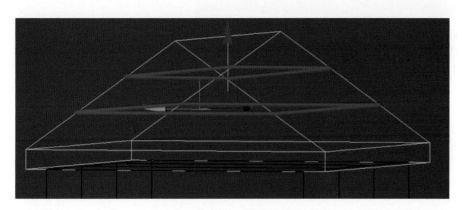

图 4.94　加线

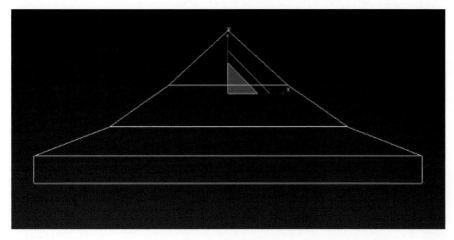

图 4.95　调节造型

（7）继续单击鼠标右键，执行"连接" █ 连接 命令，增加三条纵向
线条，配合"移动" ✛工具，并适当调节造型偏向下弧，这样更符合 Q 版的感觉。
如图 4.96 和图 4.97 所示。

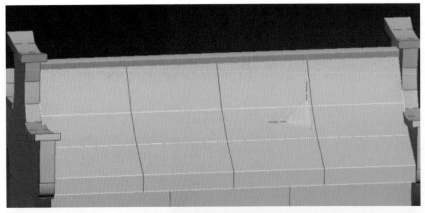

图 4.96 加线

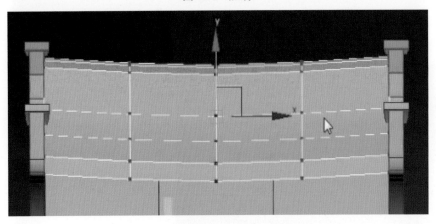

图 4.97 调节造型

（8）房屋主体完成后，下一步创建左右墙体。由于墙体左右相同，只需要创建一边后，复制到另一边即可。

切换到"左"视图，单击"创建" ▓ 面板，选择右侧命令面板中的"长方体" 长方体 ，创建长方体模型，用于准备细化墙体。如图 4.98 和图 4.99 所示。

图 4.98 原图

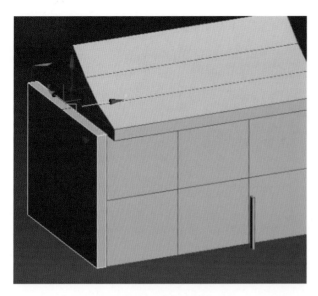

图 4.99 创建长方体

（9）使用"线" 级别，单击鼠标右键，执行"连接" ▭ 连接 命令，在墙体顶部增加两条线段。使用"面" ◼ 级别，选中面，执行"挤出" 挤出 命令，并调整比例。如图 4.100 和图 4.101 所示。

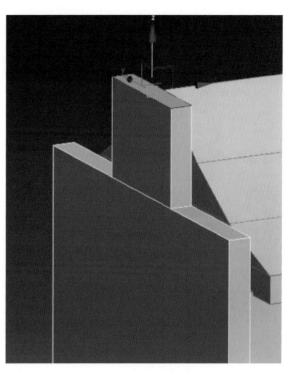

图 4.101 执行"挤出"命令

（10）按住 Shift 键，使用"移动" ✛ 工具，将墙体复制到另一侧。

注意：在"克隆选项"中选择"实例"，这样调整一侧模型时，另一侧同时受到影响。如图 4.102 和图 4.103 所示。

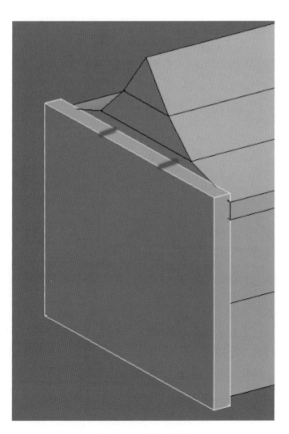

图 4.100 增加线段

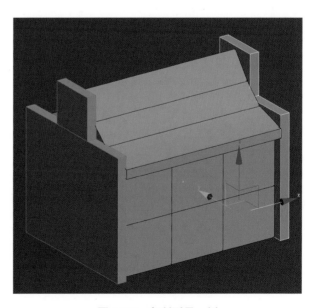

图 4.102 复制到另一侧

图 4.103　克隆选项

（11）使用"线" 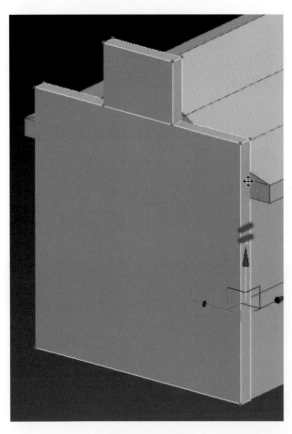 级别，在墙体侧面增加两条段线，并调整造型。如图 4.104 和图 4.105 所示。

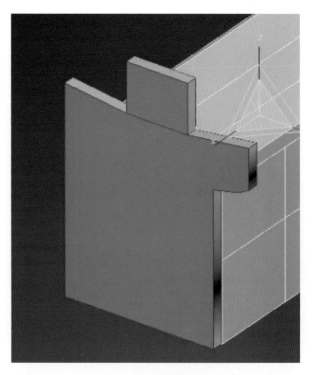

图 4.105　调整造型

（12）使用相同方法在墙体各方向增加线段，并适当调整。造型调整完成后，需要将多边面使用"连接" 连接 命令进行连接。最终效果如图 4.106 所示。

图 4.104　加线

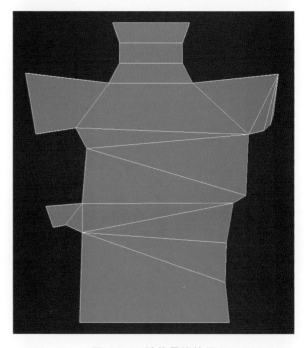

图 4.106　墙体最终效果

（13）单击"创建" 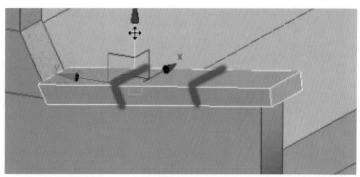 面板，选择右侧命令面板中的"长方体" 长方体 ，创建长方体模型，用于准备细化墙体。如图 4.107 和图 4.108 所示。

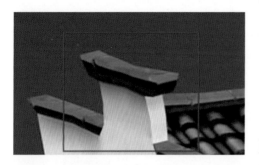

图 4.107 原图

图 4.109 加线

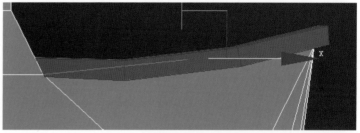

图 4.110 调整瓦片弧度

（15）由于瓦片从原画造型上看是上大下小的，可以在右侧命令面板中选择增加"FFD 2×2×2"。激活命令后，配合调整出上大下小的造型。如图 4.111 和图 4.112 所示。

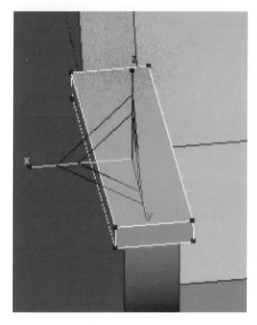

图 4.108 创建长方体

（14）使用"连接" 连接 命令，增加两条段线，调整出小瓦片的弧度。如图 4.109 和图 4.110 所示。

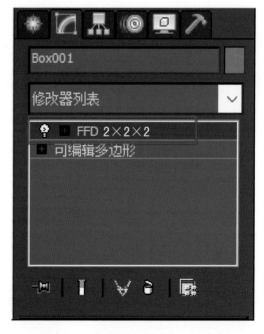

图 4.111 选择"FFD 2×2×2"命令

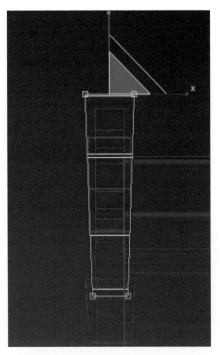

图 4.112 增加 "FFD 2×2×2"

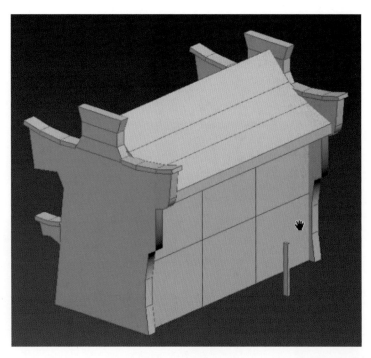

图 4.114 合并效果

（16）选择调整完成的小瓦片，按住
Shift 键，使用"移动" 工具复制到另一
侧与顶部，并微调。完成效果如图 4.113
和图 4.114 所示。

（17）从原图上看，二楼窗户与一楼相比，是有突出的结构变
化的，为了使造型符合原画，这一细节也需要用模型创建出来。

选中房屋主体模型，使用"面" 级别，选中墙体上方预留
的面。如图 4.115 所示。

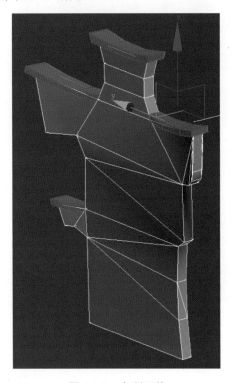

图 4.113 复制瓦片

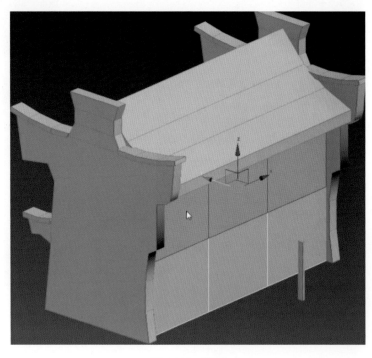

图 4.115 选面

（18）单击鼠标右键，执行"挤出" ▕ 挤出 ▏命令，并切换至"左"视图，调整出窗户倾斜的 Q 版造型。如图 4.116 所示。

图 4.117　原图背后结构

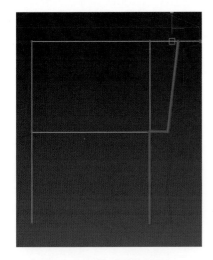

图 4.116　窗户倾斜造型

（19）后方看不见的地方，可以发挥想象力，合理地自主设计。这里为了呼应墙体的突出结构，可以直接增加一排瓦片，来丰富结构。如图 4.117 所示。

（20）后方的瓦片的创建：将模型切换至"左"视图，单击"创建" ✳ 面板，选择右侧命令面板的"长方体" ▕ 长方体 ▏命令，创建长方体模型。使用"连接" ▕ 连接 ▏命令，添加段数（主要目的：保持模型对称，以方便后续贴图管理）。如图 4.118 和图 4.119 所示。

（21）认真观察会发现，此建筑在窗户的下端挂有小旗作为装饰，这些细节的小模型也需要做出来。

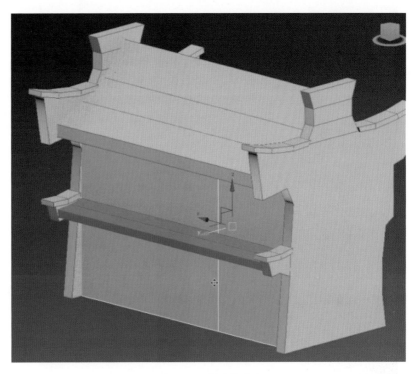

图 4.118　创建长方体

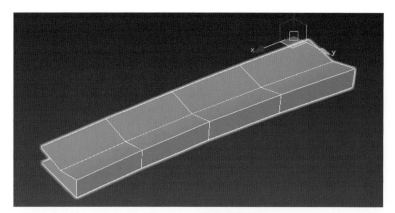

图 4.119　添加段数

将模型切换至"前"视图，单击"创建" 面板，选择右侧命令面板的"平面" 平面 命令，创建一个合适大小的平面，用于充当小旗，并按住 Shift 键，使用"移动" 工具，根据原画位置进行复制摆放。如图 4.120 和图 4.121 所示。

图 4.120　原图小旗

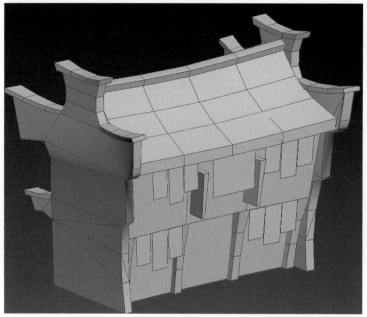

图 4.121　摆放模型

（22）每面窗户中间都有方形柱子作为结构点缀。可以使用"长方体"命令，快速地创建出来，并摆放到相应位置。

将模型切换至"前"视图，单击"创建" 面板，选择右侧命令面板的"长方体" 长方体 命令，创建一个合适大小的模型，用于充当方形柱子。如图 4.122 和图 4.123 所示。

图 4.122　原图柱子

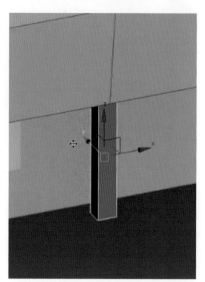

图 4.123　摆放模型

（23）切换至"左"视图，选择"点" 级别，并使用"移动" 工具，将上下两端的点根据墙体倾斜度进行调整。如图 4.124 所示。

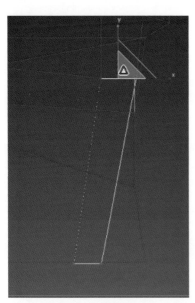

图 4.124　调整倾斜度

（24）选择"线" 级别，选择长方体的纵向线条，如图 4.125 所示，单击鼠标右键，执行 **连接** ，设置增加两条线段。换至"前"视图，将柱子适当调整成上大下小的效果。

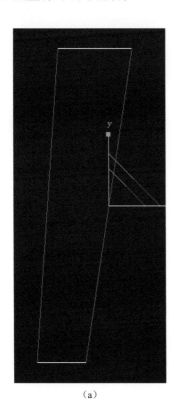

（a）

图 4.125　调整成上大下小的效果

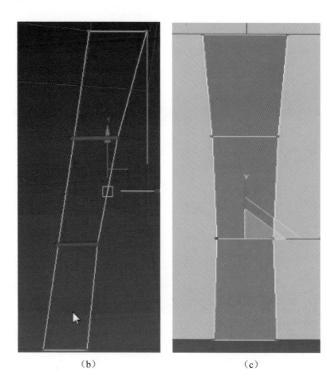

（b）　　　　　　　　　　（c）

图 4.125　调整成上大下小的效果（续）

（25）按住 Shift 键，使用"移动" 工具，将柱子复制并摆放至合适位置。选择右侧命令面板的"长方体" **长方体** 命令，创建一个合适大小的模型，用于充当门槛。如图 4.126 所示。

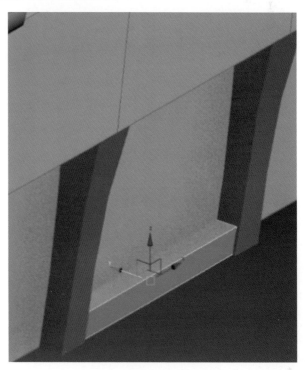

图 4.126　创建长方体

（26）窗台的制作可以使用相同方法。创建一个长方体，并在中间增加一条线段。如图 4.127 和图 4.128 所示。

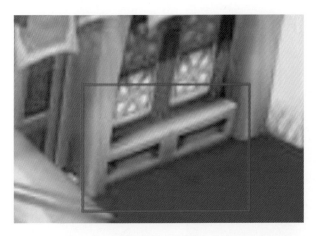

图 4.127　原图

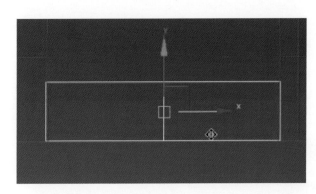

图 4.128　增加一条线段

（27）选择"面" ■ 级别，选中模型正面需要制作凹陷效果的面，单击鼠标右键，执行"插入" ██ 插入 ██ 命令。如图 4.129 所示。

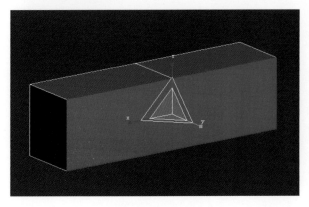

图 4.129　选中面

（28）在选择鼠标右键菜单的"插入"属性时，需要注意的是，一定要选择"按多边形"，单击"确定"按钮。

如果"插入类型"选择"组"，则效果大不同。如图 4.130 所示。

（a）

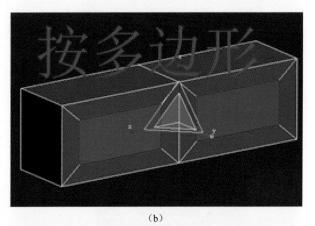

（b）

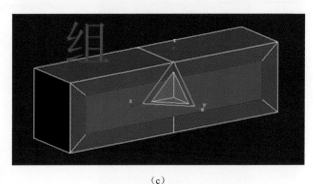

（c）

图 4.130　"插入"属性与执行效果

（29）继续单击鼠标右键，执行"倒角" ██ 倒角 ██ 命令，选择倒角类型为"组"，并适当调节"高度"与"轮廓量"数值至合适效果。如图 4.131 所示。

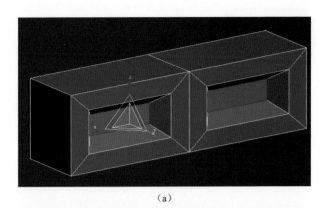

（a）

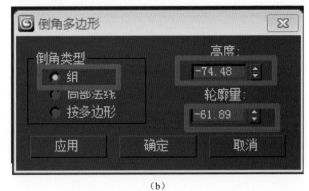

（b）

图 4.131 "倒角"命令与执行效果

（30）切换至"左"视图，选择右侧命令面板的"长方体" 长方体 命令，创建一个合适大小的模型，用于充当窗户。如图 4.132 所示。

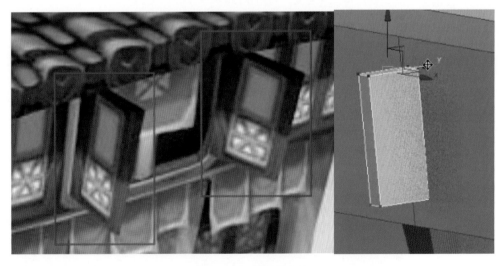

图 4.132 创建长方体

（31）切换至"前"视图，选择"点" 级别，并使用"缩放" 工具，将上下两端的点根据窗户上大下小的特点调整。如图 4.133 所示。

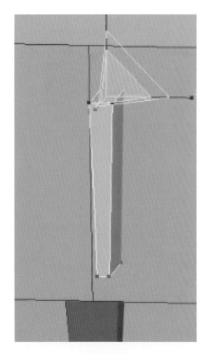

图 4.133 调整上大下小

图 4.134 原图

（32）原图中，屋顶是有房梁的结构，切换至"左"视图，选择右侧命令面板的"长方体" 长方体 命令，创建一个合适大小的模型，选择增加三段纵向线条，调整至一定的弧度，并摆放至屋顶，用于充当房梁。如图 4.134 和图 4.135 所示。

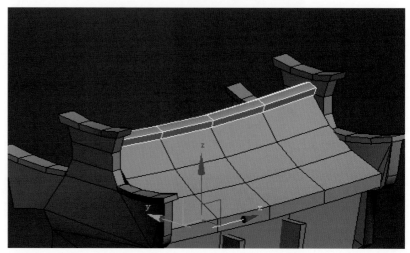

图 4.135 创建长方体，调整为房梁

（33）为了让房屋整体更可爱，可以将所有模型全选，在右侧命令面板中选择增加"FFD 3×3×3"。激活命令后，搭配"缩放" 工具，将模型调整得更加可爱。如图 4.136 和图 4.137 所示。

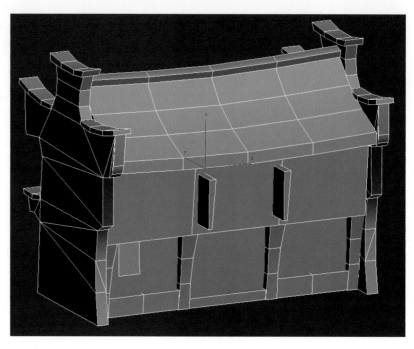

图 4.136 调整前

图 4.137 选择"FFD 3×3×3"命令

（34）最终调整效果如图 4.138 所示。

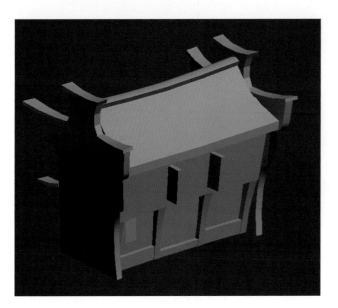

图 4.138 调整后

（35）雨伞原图如图 4.139 所示。切换至"顶"视图，单击"创建" 面板，选择右侧命令面板的"圆柱体" 圆柱体 ，创建圆柱体模型，设置"高度分段 =1、端面分段 =1、边数 =8"，将模型转换为可编辑多边形（鼠标右键菜单）。如图 4.140 和图 4.141 所示。

图 4.139 原图伞

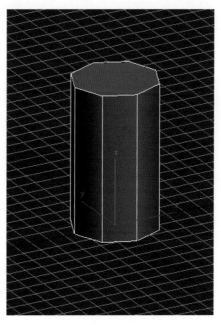

图 4.140 创建圆柱体

图 4.141　参数设置

（36）使用"点" 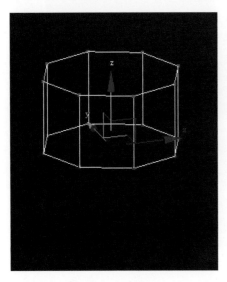 级别，选取模型下方的点，使用"移动" 工具，将模型调整至较短状态，再执行"缩放" 工具，将底部放大，模拟出伞面效果。如图 4.142 和图 4.143 所示。

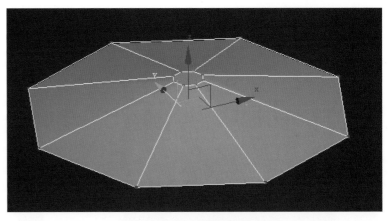

图 4.143　将底部放大

（37）使用"面" 级别，选取底部的面，执行"挤出" 挤出 命令，调整一定的厚度，并单击键盘上的 Delete 键将底面删除。如图 4.144 和图 4.145 所示。

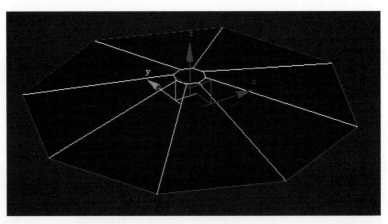

图 4.144　选取底面

图 4.142　选取点

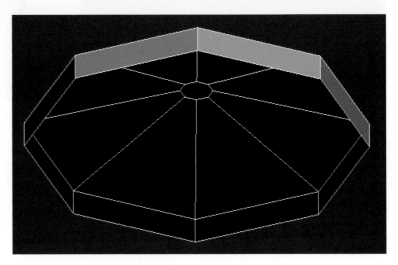

图 4.145　调整厚度

（38）选中伞面模型，按住键盘上的 Shift 键，并使用"移动" ⊞工具复制出模型；使用"缩放" ▣工具，将模型缩至合适大小。如图 4.146 和图 4.147 所示。

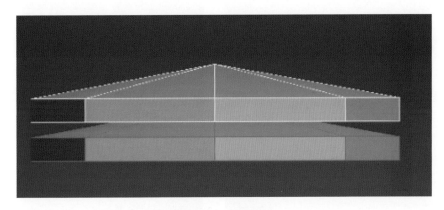

图 4.146　复制模型

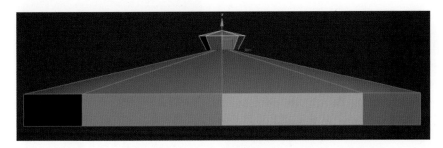

图 4.147　调整大小

（39）使用"边界"⬚，选择伞尖底部的边缘，按住键盘上 Shift 键，并使用"缩放" ▣工具，即可创建出伞尖边缘的布片。如图 4.148～图 4.150 所示。

图 4.148　原图

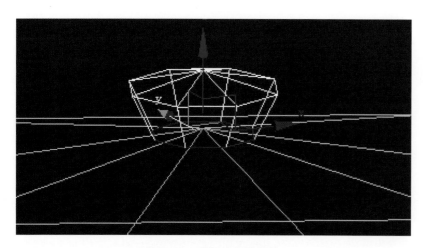

图 4.149　选择底部的边缘

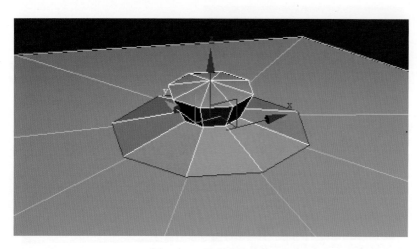

图 4.150　创建边缘布片

（40）切换到"顶"视图，单击"创建" ![icon] 面板，选择右侧命令面板的"圆柱体" 圆柱体 命令，创建圆柱体模型，用于制作伞柄。调节一定的长度，并设置边数为 5。如图 4.151 和图 4.152 所示。

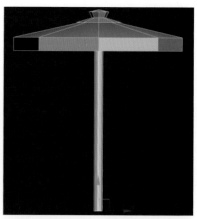

图 4.151　创建圆柱体

参数	
半径：	12.114
高度：	557.619
高度分段：	1
端面分段：	1
边数：	5
切片从	0.0
切片到	0.0

图 4.152　参数设置

（41）选择"线" ![icon] 级别，选取伞把纵向线条，单击鼠标右键，执行"连接" 连接 命令，设置增加两条线段，并搭配"移动" ![icon] 工具，将柱子适当调整成上大下小的效果及扭曲效果。如图4.153和图4.154所示。

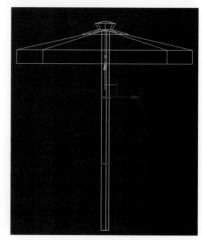

图 4.153　增加两条线段

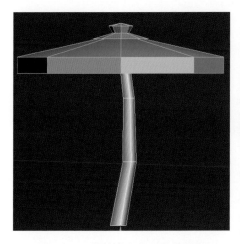

图 4.154 调整成上大下小的效果

（42）将所有模型按照原画位置摆放。效果如图 4.155 和图 4.156 所示。

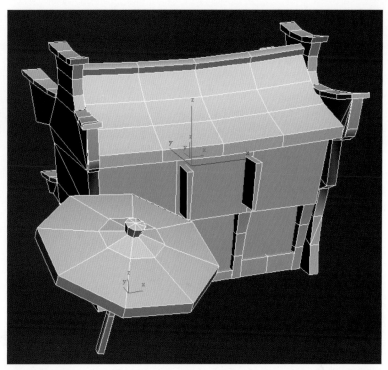

图 4.155 正面

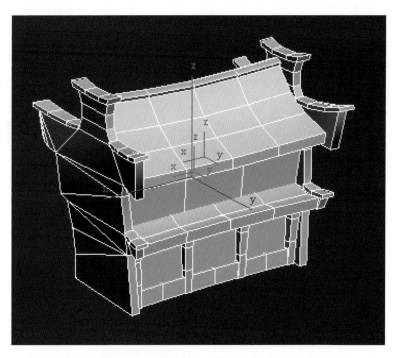

图 4.156 背面

※ 4.5 低精度场景模型 UV 分配、整合与导出

4.5.1 UV 分配

在制作 VR 类游戏的 3D 模型时，由于贴图大小的限制，为了最大化追求利用空间，在展 UV 和摆 UV 的时候，要求 3D 制作人员尽量把 UV 摊平来摆放。

UV 分配中有几个重要的要求：

① UV 分布应有合理侧重，无浪费，每个部分贴图的清晰度应该差别不大，不要出现某些地方特别精细，有些地方又特别粗糙的现象。

② UV 分割合理，要适合贴图绘制，边缘位置尽量横平竖直；直接使用自动展开 UV 的方法虽然简单，但是面分割得太碎，不方便处理纹理贴图。

③ 合理安排接缝，尽量把分割线安排在不显眼的地方。

④ UV 按照相应位置摆放，切线之间预留 2 ～ 3 个像素。

⑤ UV2 线必须对齐，分割线上相对应的点和点必须在同一条水平线上。

⑥ UV2 不能产生重叠 UV。

了解 UV 分配的标准后，就以 Q 版寒舍为例，来学习 3ds Max 展 UV 的方法。

为了节约贴图空间，以及 UV 分配时的便捷，在分配 UV 前，需要先将多余的，看不到的面和可对称的面删除。

（1）选中房屋主体，使用"面" 级别，选择顶部、底部、侧面等看不见的面，单击键盘上的 Delete 键将底面删除。如图 4.157 所示。

（2）选择房屋主体模型，打开"材质编辑器" ，选择任意一颗材质球，选取"漫反射" ，在出现的"材质/贴图浏览器"中选择"棋盘格" 。

如图 4.158 所示。

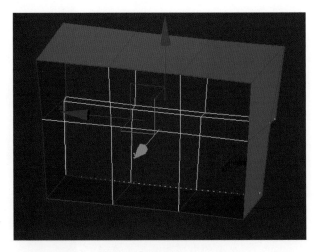

图 4.157　选择看不见的面

图 4.158　材质编辑器

（3）修改瓷砖密度，并选择"赋予模型" ，再单击"视口中显示明暗处理材质" 。如图 4.159 和图 4.160 所示。

（4）执行"UVW 展开" 命令，选择"打开 UV 编辑器" 。如图 4.161 和图 4.162 所示。

此时看到的是 UV 初始状态，需要将模型尽可能平展开来。

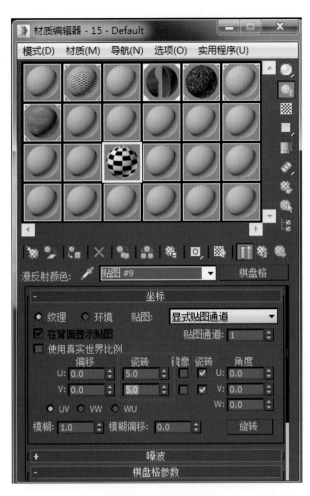

图 4.159　修改瓷砖密度

图 4.160　赋予棋盘格效果

图 4.161　"UVW 展开"命令

图 4.162　选择"打开 UV 编辑器"

（5）使用 UV 分配界面中的"面"▇级别，将 UV 框中的面全选。如图 4.163 所示。

图 4.163　将面全选

（6）执行顶部菜单栏"贴图"中的"展平贴图"命令，将面角度阈值设置为 180，单击"确定"按钮。如图 4.164 和图 4.165 所示。

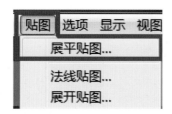

图 4.164　展平贴图

图 4.165　设置面角度阈值

（7）执行"松弛"命令，选择"由多边形角松弛"，单击"开始松弛"。如图 4.166 和图 4.167 所示。

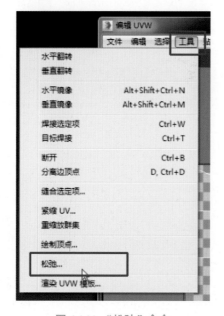

图 4.166　"松弛"命令

图 4.167　选择"由多边形角松弛"

（8）松弛后，使用 UV 分配界面中的"移动" ⊕ 、"旋转" ◐ 工具对 UV 进行摆放，使用"自由形式模式" ▣ 调整 UV 大小。如图 4.168 所示。

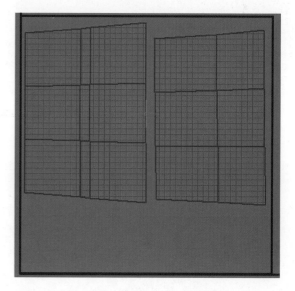

图 4.168　调整 UV 大小

（9）判断哪些面有相同贴图纹理，使用 UV 中的"面" ▣ 级别，选中面，单击右键，执行"断开" 断开 命令后，将它们按相同方向重叠在一起，并使用"水平对齐" ⊥ 、"垂直对齐" ⊣ 命令。确定分配完成后，转换为可编辑多边形，将 UV 固化。如图 4.169 所示。

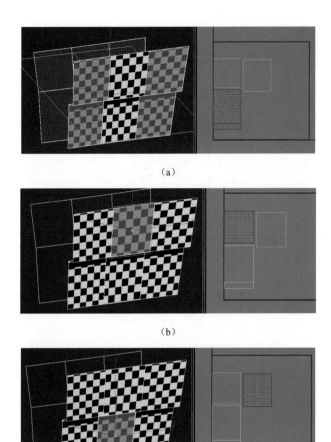

（a）

（b）

（c）

图 4.169　相同贴图纹理整理

（10）选中屋顶，使用"面" 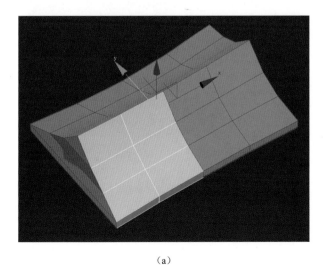 级别，选择"侧面"
及"可以对称"的部分模型，单击键盘上的 Delete 键
将面删除。如图 4.170 所示。

（a）

图 4.170　删除前后

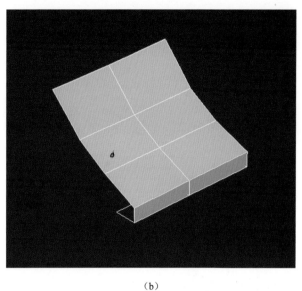

（b）

图 4.170　删除前后（续）

（11）打开"材质编辑器" ⬡，选择将棋盘格▦
赋予模型 ⬡，执行"UVW 展开" ⬡ ▦ UVW 展开
命令，选择"打开 UV 编辑器"，执行"松弛"命令，
选择"由多边形角松弛"，单击"开始松弛"。如图 4.171
和图 4.172 所示。

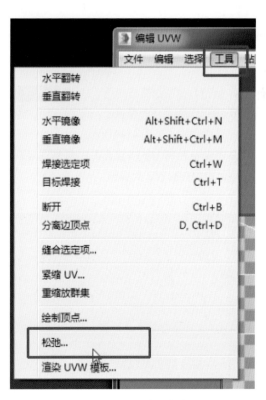

图 4.171　"松弛"命令

图 4.172　选择"由多边形角松弛"

（12）松弛完成后，使用 UV 分配界面中的"移动" 、"旋转" 工具对 UV 进行摆放，使用"自由形式模式" 调整 UV 大小。确定分配完成后，转换为可编辑多边形，将 UV 固化。如图 4.173 所示。

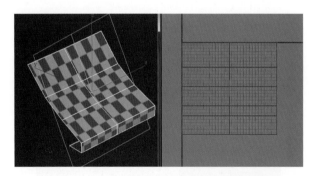

图 4.173　分配完成

（13）执行右侧命令面板中的"对称" 对称 命令，将分好 UV 的屋顶恢复成完整状态。确定后转换为可编辑多边形，将模型固化。如图 4.174 所示。

此方法会自动将 UV 以重叠方式复制到对向，避免相同物体再次分配 UV 的麻烦。

（a）

图 4.174　恢复完整状态

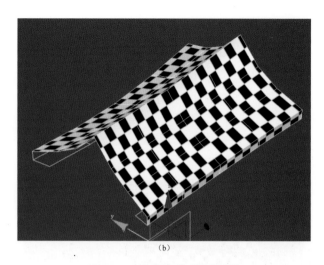

（b）

图 4.174　恢复完整状态（续）

（14）选择房梁，使用"面" 级别，选择"侧面""底面"及"可以对称"的部分模型，单击键盘上的 Delete 键将面删除。如图 4.175 和图 4.176 所示。

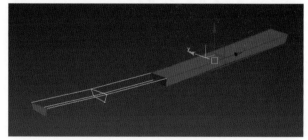

图 4.175　删除可对称的面

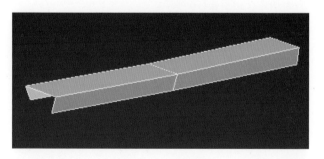

图 4.176　删除后

（15）打开"材质编辑器" ，选择将棋盘格 赋予模型 ，执行"UVW 展开" UVW 展开 命令，选择"打开 UV 编辑器"，执行"松弛"命令，选择"由多边形角松弛"，单击"开始松弛"。如图 4.177 和图 4.178 所示。

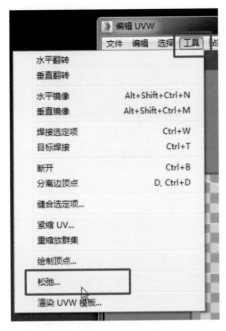

图 4.177 "松弛"命令

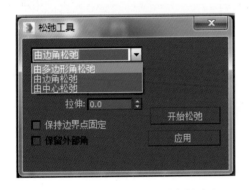

图 4.178 选择"由多边形角松弛"

（16）松弛完成后，使用"水平对齐" 、"垂直对齐" 工具将 UV 对齐，使用 UV 分配界面中的"移动" 、"旋转" 工具对 UV 进行摆放，使用"自由形式模式" 缩放调整 UV 大小。确定分配完成后，转换为可编辑多边形，将 UV 固化。如图 4.179 所示。

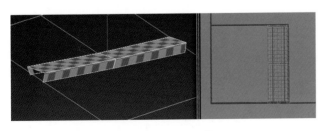

图 4.179 分配完成

（17）执行右侧命令面板中的"对称" 对称 命令，将分好 UV 的房梁恢复成完整状态。确定后转换为可编辑多边形，将模型固化。如图 4.180 所示。

图 4.180 完整状态

（18）选择后方瓦片模型，使用"面" 级别，将"可以对称"的部分模型和侧面看不见的部分选中，单击键盘上的 Delete 键将面删除。如图 4.181 和图 4.182 所示。

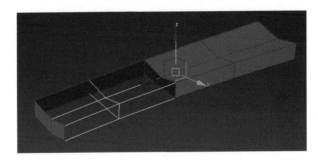

图 4.181 删除可对称的面

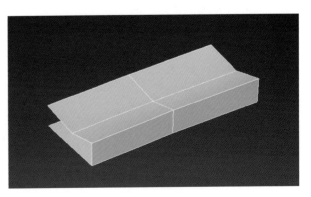

图 4.182 删除后

（19）执行"UVW 展开" 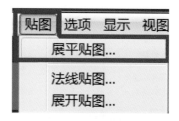 命令，选择"打开 UV 编辑器" 打开 UV 编辑器... 。如图 4.183 和图 4.184 所示。

将面角度阈值设置为 180，单击"确定"按钮。如图 4.186 和图 4.187 所示。

图 4.183 "UVW 展开"命令

图 4.184 选择"打开 UV 编辑器"

（20）使用 UV 分配界面中的"面" 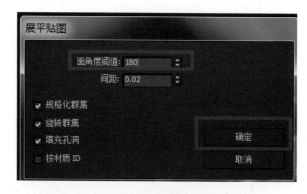 级别，将 UV 框中的面全选。如图 4.185 所示。

图 4.186 "展平贴图"命令

图 4.187 设置面角度阈值

（22）选择"UV 展开"命令中的"线" 级别，选中需要焊接的线，单击鼠标右键，执行"选定缝合" 选定缝合 命令，即可将 UV 手动焊接。使用 UV 分配界面中的"移动" 、旋转 工具对 UV 进行摆放，使用"自由形式模式" 缩放调整 UV 大小。确定分配完成后，转换为可编辑多边形，将 UV 固化。如图 4.188 所示。

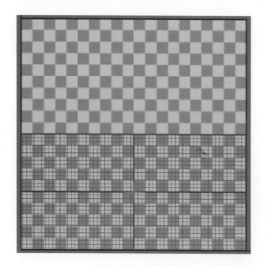

图 4.185 面全选

（21）执行顶部菜单栏"贴图"中的"展平贴图"命令，

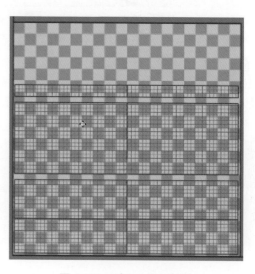

图 4.188 对 UV 进行摆放

（23）确定此部分 UV 分配完成后，执行右侧命令面板中的"对称" 对称 命令，将分好 UV 的房梁恢复成完整状态。确定后转换为可编辑多边形，将模型固化。如图 4.189 所示。

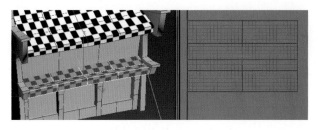

图 4.189　对 UV 进行摆放

（24）由于考虑到后期贴图绘制时，瓦片与屋顶的瓦片相同，可以手动将两个模型的 UV 重叠在一起，这样可以大大节约贴图绘制时间及效率。选择瓦片模型后，单击鼠标右键，执行"附加" 附加 命令，再单击屋顶模型，即可将两个模型合并成同一物体级别。如图 4.190 所示。

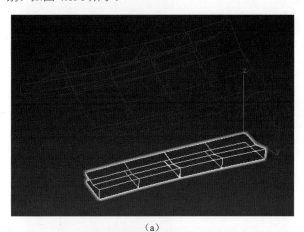

（a）

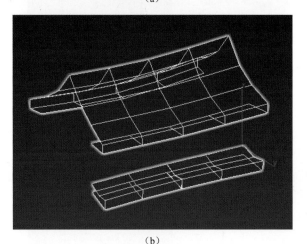

（b）

图 4.190　合并同一物体级别

（25）执行"UVW 展开" UVW 展开 命令，选择"打开 UV 编辑器" 打开 UV 编辑器… 。如图 4.191 和图 4.192 所示。

图 4.191　"UVW 展开"命令

图 4.192　执行"打开 UV 编辑器"

（26）可看到两个模型 UV 出现在同一个编辑框中，使用 UV 分配界面中的"移动" 、"旋转" 工具对 UV 进行摆放，将相同位置的模型重叠在一起。如图 4.193 所示。

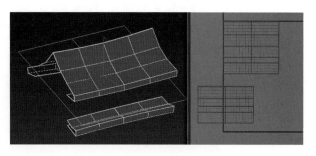

图 4.193　相同位置模型重叠前

（27）对UV进行摆放时，需要注意的是，一定要将相同位置重叠在一起，如屋顶瓦片部分相重叠、瓦当部分相重叠、底部相重叠。如图4.194所示。

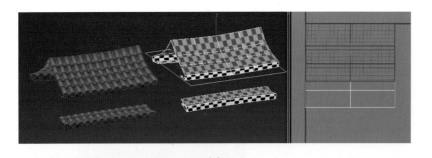

（a）

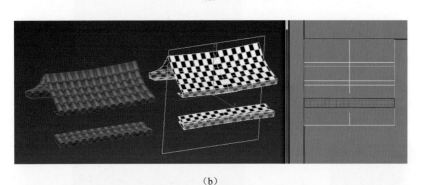

（b）

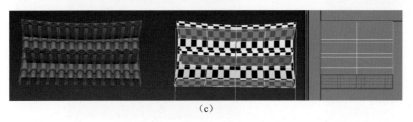

（c）

图 4.194　相同位置模型重叠后

（28）确认对齐无误后，可转换为可编辑多边形，将模型固化。如图4.195所示。

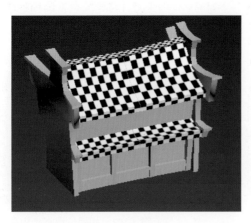

图 4.195　完成效果

（29）对于柱子的UV分配，由于整个场景中柱子的造型一致，所以只需要分配其中的一根柱子，之后进行统一复制即可。

选择柱子模型，使用"面" ▣级别，将"顶部""底部""背后"看不见的部分选中，单击键盘上的Delete键将面删除。如图4.196和图4.197所示。

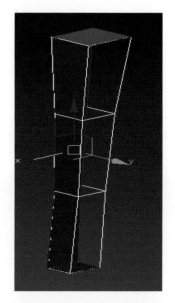

图 4.196　删除多余面

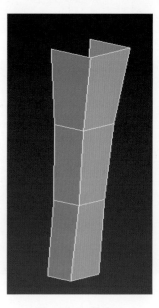

图 4.197　删除后

（30）打开"材质编辑器" ，选择将棋盘格赋予模型，执行"UVW 展开"命令，选择"打开 UV 编辑器"，执行顶部菜单栏"贴图"中的"展平贴图"命令，将面角度阈值设置为 180，单击"确定"按钮。如图 4.198 和图 4.199 所示。

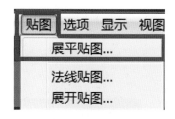

图 4.198　"展平贴图"命令

图 4.199　选择"面角度阈值"

（31）选择"UV 展开"命令中的"点"级别，选中所有的点，执行"松弛"命令，选择"由多边形角松弛"，单击"开始松弛"。如图 4.200 和图 4.201 所示。

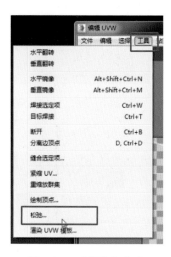

图 4.200　"松弛"命令

图 4.201　选择"由多边形角松弛"

（32）松弛完成后，使用 UV 分配界面中的"移动"、"旋转"工具对 UV 进行摆放，使用"自由形式模式"缩放调整 UV 大小，确定分配完成后，转换为可编辑多边形，将 UV 固化。如图 4.202 所示。

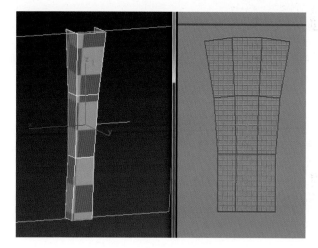

图 4.202　分配完成

（33）柱子 UV 分配完成后，按住键盘上的 Shift 键，搭配"移动"工具，将场景中正反两面所有柱统一进行复制，并进行微调。完成效果如图 4.203 所示。

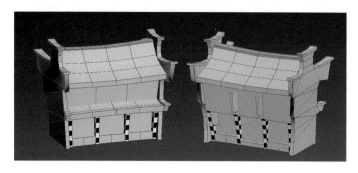

图 4.203　完成效果

（34）窗台模型的 UV 分配：

选择柱子模型，使用"面"■级别，将"左右两侧""底部""背后"看不见的部分选中，单击键盘上的 Delete 键将面删除。如图 4.204 所示。

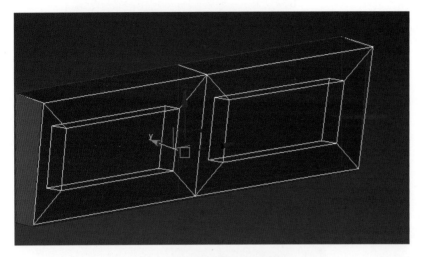

图 4.204　选中看不见的部分

（35）打开"材质编辑器" 🔘，选择将棋盘格 ▦ 赋予模型 🔘，执行"UVW展开" ⚙ UVW 展开 ▬▬ 命令，选择"打开 UV 编辑器"，执行顶部菜单栏"贴图"中的"展平贴图"命令，将面角度阈值设置为 180，单击"确定"按钮。使用 UV 命令中的"线" ◲ 级别，在模型中选择需要切割的线段，在 UV框中单击鼠标右键，执行"断开" 断开 命令。如图 4.205 所示。

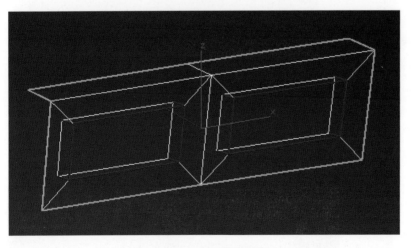

图 4.205　需要切割的线段

（36）选择"UV 展开"命令中的"点"◲级别，选中所有的点。如图 4.206所示。

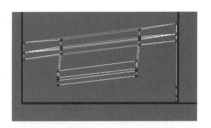

图 4.206　选中所有的点

（37）执行"松弛"命令，选择"由多边形角松弛"，单击"开始松弛"。如图 4.207 和图 4.208 所示。

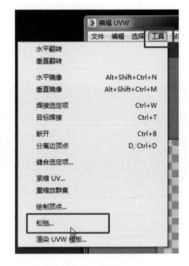

图 4.207　"松弛"命令

图 4.208　选择"由多边形角松弛"

（38）松弛完成后，使用 UV分配界面中的"移动" ✛ 和"旋转" ⟳ 工具对 UV 进行摆放。使用"自由形式模式" ▦ 缩放调整UV 大小。确定分配完成后，转换为可编辑多边形，将 UV 固化。如图 4.209 所示。

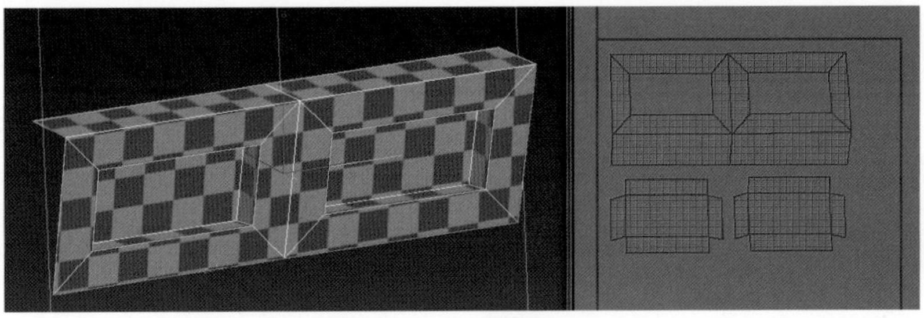

图 4.209　分配完成

（39）窗台 UV 分配完成后，按住键盘上的 Shift 键，搭配“移动”工具，将场景中正反两面所有窗台统一进行复制，并微调。完成效果如图 4.210 所示。

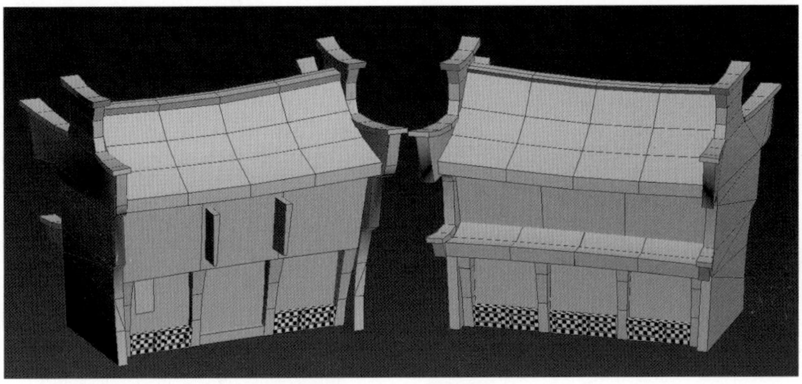

图 4.210　完成效果

（40）小旗的 UV 分配：由于小旗的模型是由单层平面创建而成的，所以 UV 分配的步骤相对简单。

选择小旗模型，打开“材质编辑器”，选择将棋盘格赋予模型，执行“UVW 展开”命令，选择“打开 UV 编辑器”，选择“UV 展开”命令中的“点”级别，选中所有的点，执行“松弛”命令，选择“由多边形角松弛”，单击“开始松弛”。松弛完成后，使用 UV 分配界面中的“移动”、“旋转”工具对 UV 进行摆放。确定分配完成后，转换为可编辑多边形，将 UV 固化。如图 4.211 所示。

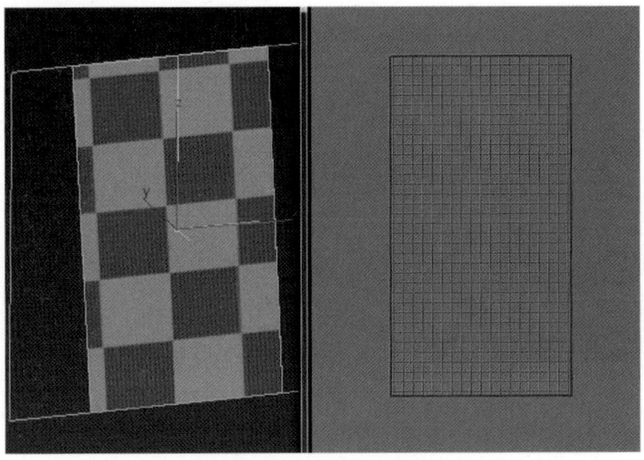

图 4.211　分配完成

（41）小旗 UV 分配完成后，按住 Shift 键，使用"移动"  工具将场景中正反两面所有小旗统一进行复制，并微调。完成效果如图 4.212 所示。

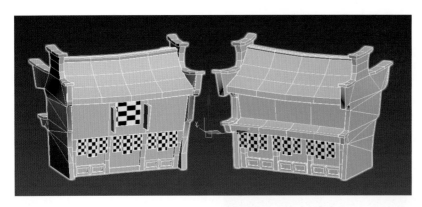

图 4.212　完成效果

（42）门槛的 UV 分配。

选择门槛模型，将"左右两侧、底部、背后"看不见的部分选中，单击键盘上的 Delete 键将面删除。如图 4.213 所示。

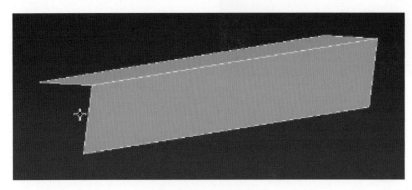

图 4.213　删除多余面

（43）打开"材质编辑器" ，选择将棋盘格赋予模型，执行"UVW 展开" 命令，选择"打开 UV 编辑器"，选择"UV 展开"命令中的"点" 级别。选中所有的点，执行"松弛"命令，选择"由多边形角松弛"，单击"开始松弛"。松弛完成后，使用 UV 分配界面中的"移动"、"旋转" 工具对 UV 进行摆放。确定分配完成后，转换为可编辑多边形，将 UV 固化。如图 4.214 所示。

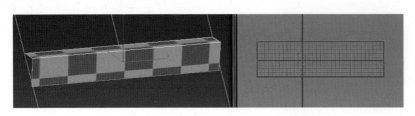

图 4.214　分配完成

（44）门窗的 UV 分配：

选择门窗模型，将"背后"看不见的部分选中，单击键盘上的 Delete 键将面删除。打开"材质编辑器"，选择将棋盘格赋予模型，执行"UVW 展开" 命令，选择"打开 UV 编辑器"，执行顶部菜单栏"贴图"中的"展平贴图"命令，将面角度阈值设置为 180，单击"确定"按钮。使用 UV 命令中的"线" 级别，在模型中选择需要切割的线段，在 UV 框中单击鼠标右键，执行"断开" 命令。如图 4.215和图 4.216 所示。

图 4.215　删除多余面

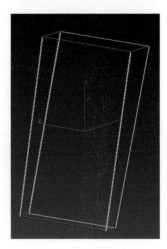

图 4.216　切割的线段

（45）选择"UV 展开"命令中的"点"级别，选中所有的点，执行"松弛"命令，选择"由多边形角松弛"，单击"开始松弛"。如图 4.217 和图 4.218 所示。

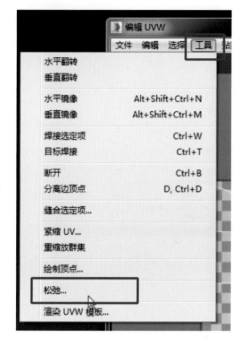

图 4.217　"松弛"命令

图 4.218　选择"由多边形角松弛"

（46）松弛完成后，使用 UV 分配界面中的"移动"和"旋转"工具对 UV 进行摆放。使用"自由形式模式"缩放调整 UV 大小。确定分配完成后，转换为可编辑多边形，将 UV 固化。如图 4.219 所示。

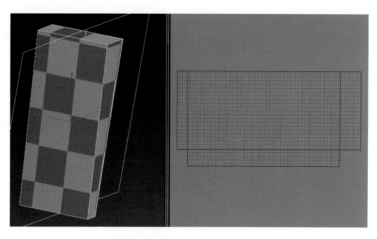

图 4.219　分配完成

（47）门窗 UV 分配完成后，使用"镜像"工具和"移动"工具，将场景中门窗进行复制，并微调。完成效果如图 4.220 所示。

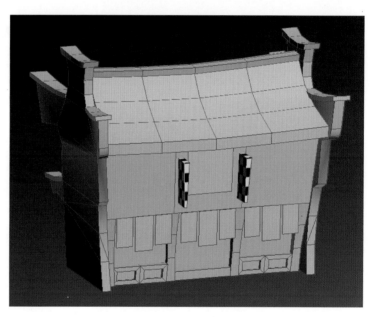

图 4.220　完成效果

（48）墙壁的 UV 分配：

选择墙壁模型，将"顶面"看不见的面选中，单击键盘上的 Delete 键将面删除。打开"材质编辑器"，选择将棋盘格赋予模型，执行"UVW 展开" UVW 展开 命令，选择"打开 UV 编辑器"，执行顶部菜单栏"贴图"中的"展平贴图"命令，将面角度阈值设置为 180，单击"确定"按钮。使用 UV 命令中的"线"级别，在模型中选择需要切割的线段，在 UV 框中单击鼠标右键，执行"断开" 断开 命令。如图 4.221 和图 4.222 所示。

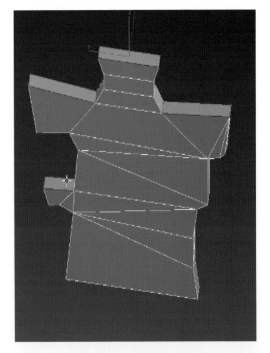

图 4.221　删除多余的面

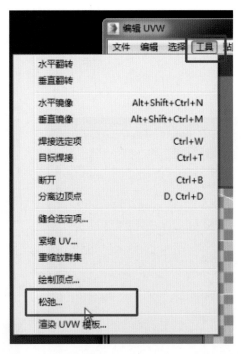

图 4.223　"松弛"命令

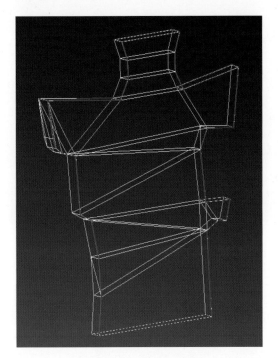

图 4.222　需要切割的线段

图 4.224　选择"由多边形角松弛"

（49）选择"UV 展开"命令中的"点" ■ 级别，选中所有的点，执行"松弛"命令，选择"由多边形角松弛"，单击"开始松弛"。如图 4.223 和图 4.224 所示。

（50）由于墙壁里外的贴图纹理是一样的，所以，为了节约贴图的空间，可以选择把里外的 UV 进行重叠。

松弛完成后，使用 UV 分配界面中的"移动" ■、"旋转" ◎ 工具对 UV 进行摆放。使用"自由形式模式" ■ 缩放调整 UV 大小。确定分配完成后，转换为可编辑多边形，将 UV 固化。如图 4.225 和图 4.226 所示。

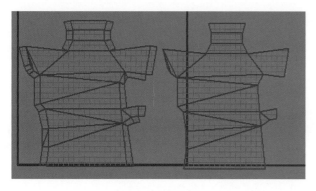

图 4.225　调整重叠前

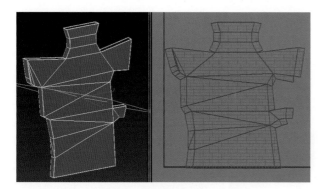

图 4.226　调整重叠后

（51）墙体上方小瓦片的 UV 分配：

选择墙体上方瓦片模型，打开"材质编辑器" ，选择将棋盘格 赋予模型 ，执行"UVW 展开" ![UVW 展开] 命令，选择"打开 UV 编辑器"，执行顶部菜单栏"贴图"中的"展平贴图"命令，将面角度阈值设置为 180，单击"确定"按钮。使用 UV 命令中的"线" 级别，在模型中选择需要切割的线段，在 UV 框中单击鼠标右键，执行"断开" ![断开] 命令。如图 4.227 和图 4.228 所示。

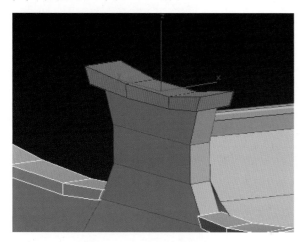

图 4.227　需要分配的模型

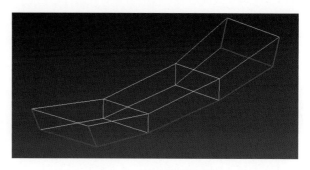

图 4.228　需要切割的线段

（52）选择"UV 展开"命令中的"点" 级别，选中所有的点，执行"松弛"命令，选择"由多边形角松弛"，单击"开始松弛"。如图 4.229 和图 4.230 所示。

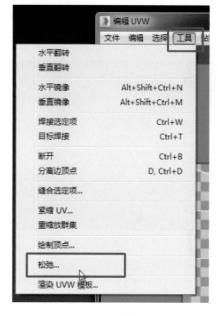

图 4.229　"松弛"命令

图 4.230　选择"由多边形角松弛"

（53）松弛完成后，使用 UV 分配界面中的"移动" 和"旋转" 工具对 UV 进行摆放，使用"自由形式模式" 缩放调整 UV 大小。确定分配完成后，转换为可编辑多边形，将 UV 固化。如图 4.231 所示。

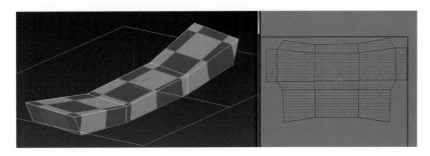

图 4.231　分配完成

（54）墙体上方小瓦片 UV 分配完成后，按住 Shift 键，搭配"移动" 工具，将场景中所有墙体上方小瓦片统一进行复制，并微调。完成效果如图 4.232 所示。

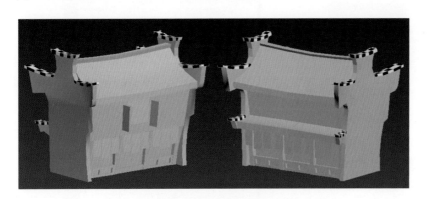

图 4.232　完成效果

（55）雨伞的 UV 分配：

选择雨伞模型，使用"面" 级别，选中雨伞重复的面，按 Delete 键将面删除。如图 4.233 所示。

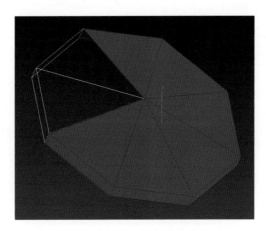

图 4.233　删除多余的面

（56）打开"材质编辑器" ，选择将棋盘格 赋予模型 ，执行"UVW 展开" 命令，选择"打开 UV 编辑器"。选择"UV 展开"命令中的"点" 级别，选中所有的点，选执行"松弛"命令，选择"由多边形角松弛"，单击"开始松弛"。如图 4.234 和图 4.235 所示。

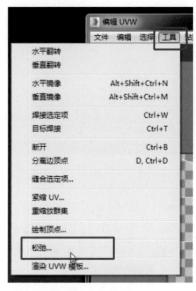

图 4.234　"松弛"命令

图 4.235　选择"由多边形角松弛"

（57）松弛完成后，使用 UV 分配界面中的，"移动" 和"旋转" 工具对 UV 进行摆放。使用"自由形式模式" 缩放调整 UV

大小。确定分配完成后，转换为可编辑多边形，将 UV 固化。窗台 UV 分配完成后,使用"镜像"工具和"移动"工具将场景中的门窗进行复制，并微调。完成效果如图 4.236 所示。

命令中的"点"级别，选中所有的点，执行"松弛"命令，选择"由多边形角松弛"，单击"开始松弛"。如图 4.238 和图 4.239 所示。

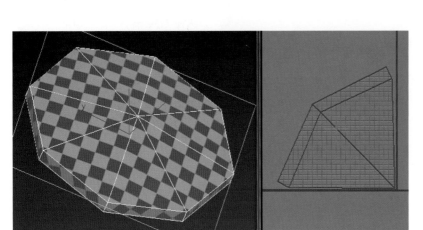

图 4.236　完成效果

（58）伞尖的 UV 分配：

选择伞尖模型，使用"面"级别，选中雨伞重复的面，按 Delete 键将面删除。如图 4.237 所示。

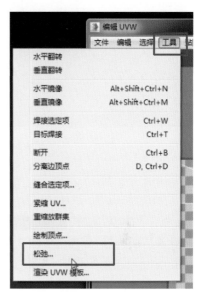

图 4.238　"松弛"命令

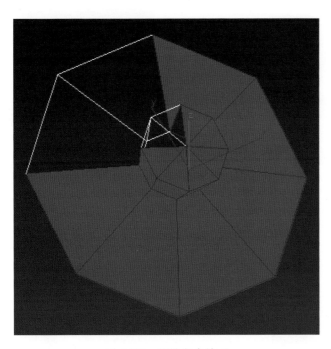

图 4.237　删除多余的面

（59）打开"材质编辑器"，选择将棋盘格赋予模型，执行"UVW展开"命令，选择"打开 UV 编辑器"。选择"UV 展开"

图 4.239　选择"由多边形角松弛"

（60）松弛完成后，使用 UV 分配界面中的"移动"和"旋转"工具对 UV 进行摆放。使用"自由形式模式"缩放调整 UV 大小。确定分配完成后，转换为可编辑多边形，将 UV 固化。窗台 UV 分配完成后，使用"镜像"工具，搭配"移动"工具，将场景中的门窗进行复制，并微调。完

成效果如图 4.240 所示。

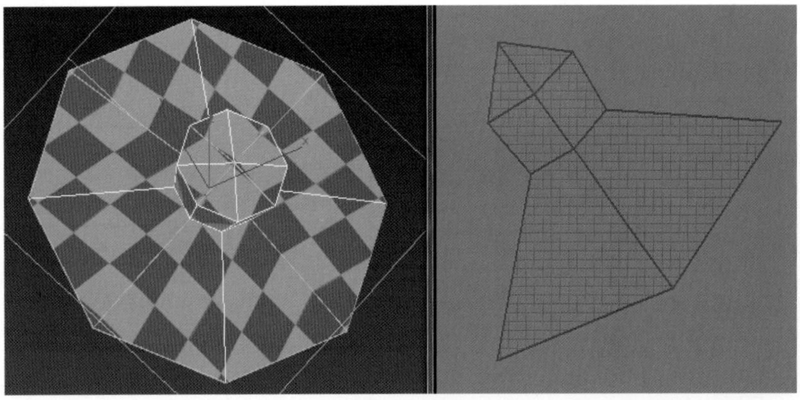

图 4.240　完成效果

（61）伞柄的 UV 分配：

选择伞柄模型，打开“材质编辑器”，选择将棋盘格赋予模型，执行“UVW 展开” UVW 展开 命令，选择“打开 UV 编辑器”，执行顶部菜单栏“贴图”中的“展平贴图”命令，将面角度阈值设置为 180，单击“确定”按钮。使用 UV 命令中的“线”级别，在模型中选择需要切割的线段，在 UV 框中单击鼠标右键，执行“断开” 断开 命令。如图 4.241 所示。

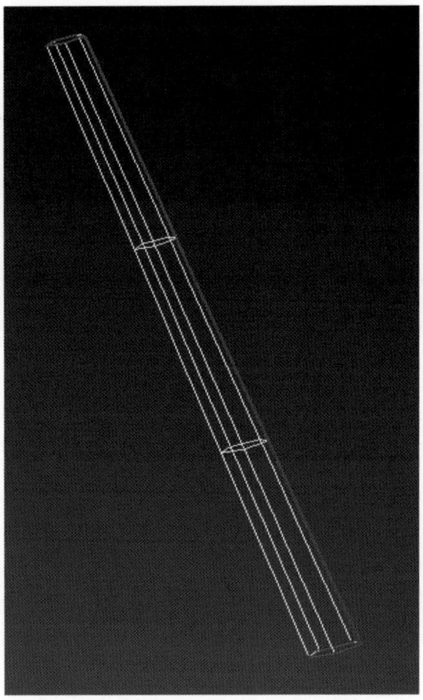

图 4.241　需要切割的线段

（62）选择“UV 展开”命令中的“点”级别，选中所有的点，执行“松弛”命令，选择“由多边形角松弛”，单击“开始松弛”。如图 4.242 和图 4.243 所示。

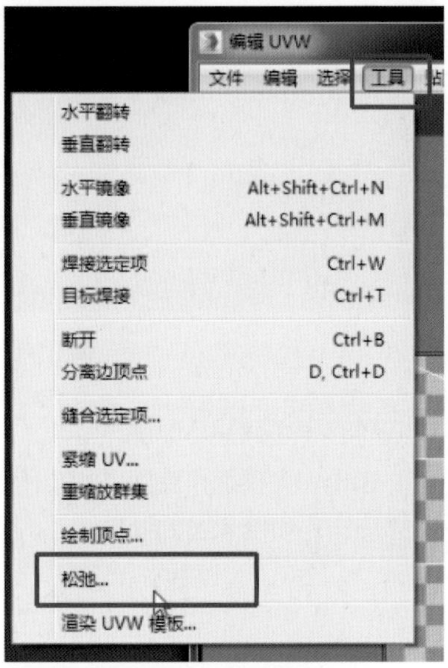

图 4.242　“松弛”命令

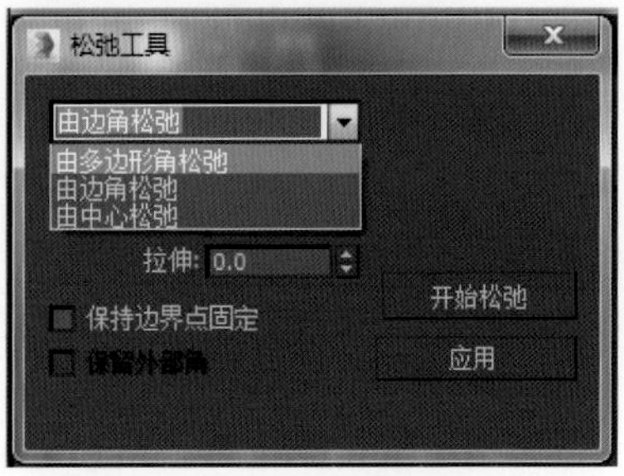

图 4.243　选择“由多边形角松弛”

（63）松弛完成后，使用 UV 分配界面中的“移动”和“旋转”工具对 UV 进行摆放。使用“自由形式模式”缩放调整 UV 大小。确定分配完成后，转换为可编辑多边形，将 UV 固化。如图 4.244 所示。

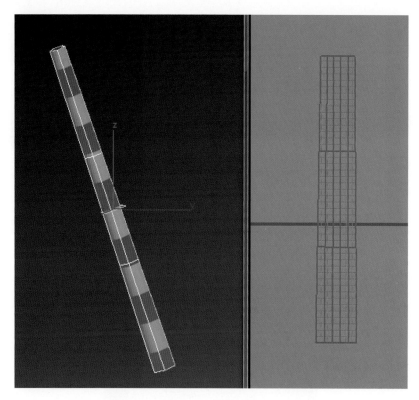

图 4.244 分配完成

4.5.2 UV 整合

UV 的整合关系到贴图数量的控制，一般贴图数量是根据模型的面数、大小及引擎的负载进行判定的。由于大部分模型贴图数量有限，所以需要将 UV 摆放得更加紧密。

（1）Q 版寒舍选择使用两张贴图来完成，分别将瓦片、柱子、窗户、雨伞、伞尖等放在一张贴图上。如图 4.245 所示。

图 4.245 Q 版寒舍贴图（一）

将窗台、墙壁、房梁、小旗等放置在另一张贴图上。如图 4.246 所示。

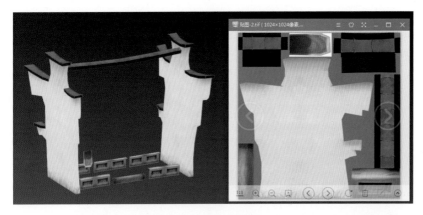

图 4.246　Q 版寒舍贴图（二）

（2）按 Ctrl 键选择瓦片、柱子、窗户、雨伞、伞尖模型，单击鼠标右键，执行"隐藏未选定对象" 隐藏未选定对象 ，即可将选中模型独立显示在视图菜单。如图 4.247 所示。

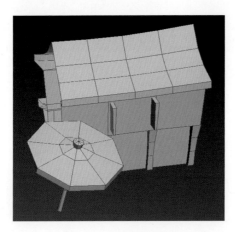

图 4.247　Q 版寒舍模型

（3）选择屋顶模型，单击鼠标右键，执行"附加" 附加 命令，再逐个单击需要添加的模型，即可将多个模型合并成同一物体级别。如图 4.248 和图 4.249 所示。

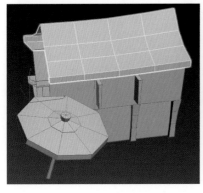
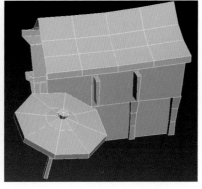

图 4.248　屋顶模型　　　图 4.249　合并成同一物体级别

（4）选中附加在一起的模型，执行"UVW 展开" ◆ ■ UVW 展开 命令，选择"打开 UV 编辑器"，即可看到前期独立分配的 UV 全部合并到一张贴图中。如图 4.250 所示。

（6）使用 UV 分配界面中的"移动" ◆ "旋转" ◎ 工具对 UV 进行摆放。确定分配完成后，转换为可编辑多边形，将 UV 固化。如图 4.252 所示。

注意：UV 合并摆放时，要尽量紧密，不浪费贴图空间。

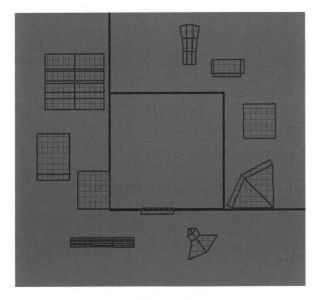

图 4.250　前期独立分配的 UV

（5）使用"自由形式模式" ▣ 缩放调整 UV 大小。如图 4.251 所示。

注意：调整 UV 大小时，要尽可能保持同一张贴图中所有物体的棋盘格大小相同。

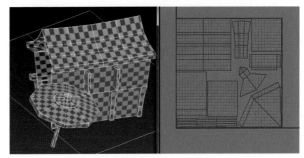

图 4.252　分配完成

（7）第一张贴图 UV 调整完成后，单击鼠标右键，执行"全部取消隐藏" 全部取消隐藏 ，即可将所有隐藏模型恢复显示在视图菜单中。如图 4.253 所示。

图 4.253　隐藏模型恢复显示

（8）使用相同方法选择预先计划安排的第二张贴图部分模型，按 Ctrl 键多选，单击鼠标右键，执行"隐藏未选定对象" 隐藏未选定对象 命令，即可将选中模型独立显示在视图菜单。如图 4.254 所示。

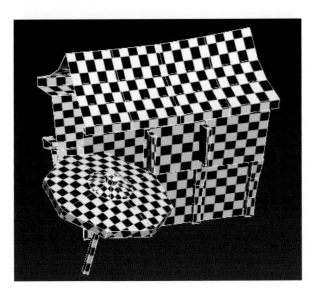

图 4.251　保持棋盘格一致

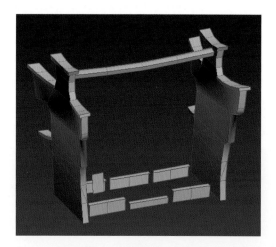

图 4.254　第二张贴图部分模型

（9）选择墙壁模型，单击鼠标右键，执行"附加" 附加 命令，再逐个单击需要添加的模型，即可将多个模型合并成同一物体级别。如图 4.255 和图 4.256 所示。

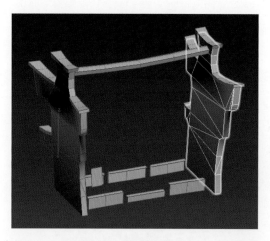

图 4.255　墙壁模型（一）

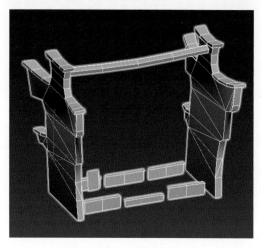

图 4.256　墙壁模型（二）

（10）选中附加在一起的模型，执行"UVW 展开" UVW 展开 命令，选择"打开 UV 编辑器"，即可看到前期独立分配的 UV 全部合并到一张贴图中。如图 4.257 所示。

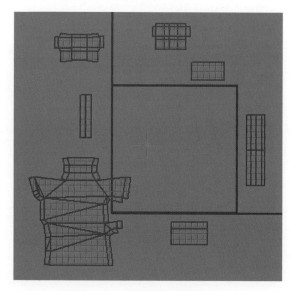

图 4.257　合并到一张贴图中

（11）使用"自由形式模式" ⊡ 缩放调整 UV 大小。如图 4.258 所示。

注意：调整 UV 大小时，要尽可能保持同一张贴图中所有物体的棋盘格大小相同。

图 4.258　保持棋盘格一致

（12）使用 UV 分配界面中的"移动" ⊹ 和"旋转" ◯ 工具对 UV 进行摆放。确定分配完成后，转换为可编辑多边形，将 UV 固化。如图 4.259 所示。

注意：UV 合并摆放时，要尽量紧密，不浪费贴图空间。

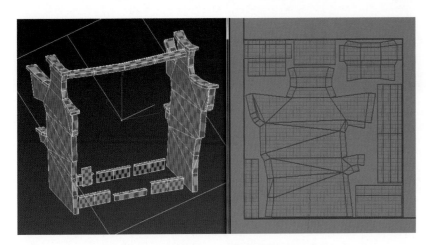

图 4.259　分配完成

（13）选择第一张贴图部分模型，执行"UVW 展开"命令，选择"贴图通道"为"2"。在"通道切换警告"中选择"移动"。选择"打开 UV 编辑器"。如图 4.260～图 4.262 所示。

图 4.260　设置"贴图通道"
为"2"

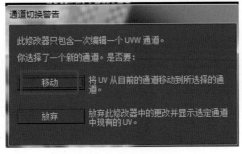

图 4.261　通道切换警告

图 4.262　选择"打开 UV 编辑器"

（14）将所有的 UV 在不重叠的情况下平均摆放，越紧密越好。确定分配完成后，转换为可编辑多边形，将 UV 固化。如图 4.263 所示。

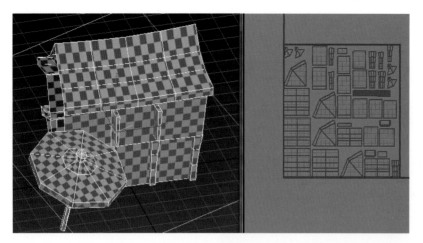

图 4.263　分配完成

（15）选择第二张贴图部分模型，执行"UVW 展开"  UVW 展开
命令，选择"贴图通道"为"2"。在"通道切换警告"中选择"移动"，选择"打
开 UV 编辑器"。如图 4.264 ～图 4.266 所示。

图 4.264　"贴图通道"为"2"

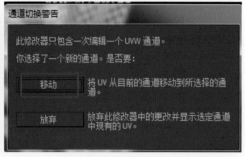

图 4.265　通道切换警告

图 4.266　选择"打开 UV 编辑器"

（16）将所有的 UV 在不重叠的情况下平均摆放，越紧密越好。
确定分配完成后，转换为可编辑多边形，将 UV 固化。如图 4.267
所示。

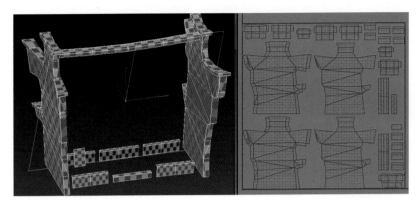

图 4.267　分配完成

4.5.3　UV 导出

（1）选择第一张贴图部分模型，执行"UVW 展开"  命令，选择"打开 UV 编辑器"，选择顶部菜单"工具"中的"渲染 UVW 模板"。如图 4.268 所示。

（2）在"渲染 UVs"的参数中，可设置贴图大小，此案例预设选择 1 024×1 024 贴图，单击"渲染 UV 模板"。如图 4.269 所示。

图 4.269　渲染 UVs

图 4.268　渲染 UVW 模板

（3）得到一张 UV 渲贴图。单击左上角的"保存"按钮，将图像保存至相应文件夹。选择 TGA 格式，单击"确定"按钮。如图 4.270 所示。

（4）选择第二张贴图部分模型，执行"UVW 展开" UVW 展开 命令，选择"打开 UV 编辑器"，选择顶部"工具"菜单中的"渲染 UVW 模板"。如图4.271所示。

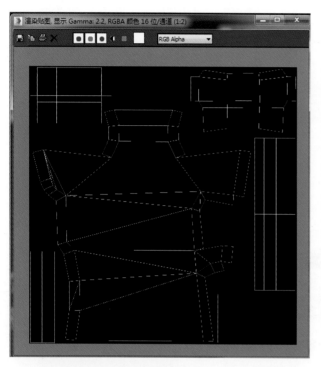

（a）

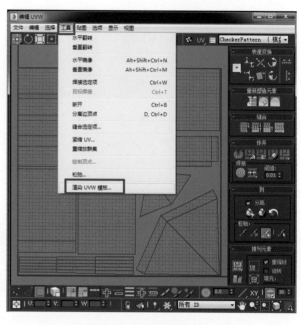

图 4.271　渲染 UVW 模板

（5）在"渲染 UVs"的参数中，可设置贴图大小。此案例预设选择，1 024×1 024 贴图，单击"渲染 UV 模板"。如图 4.272 所示。

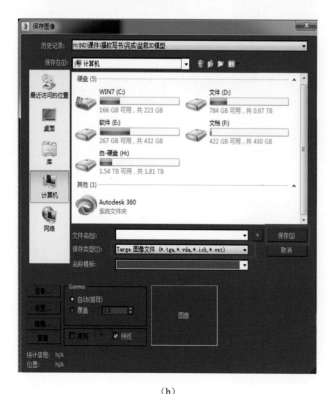

（b）

图 4.270　保存图像

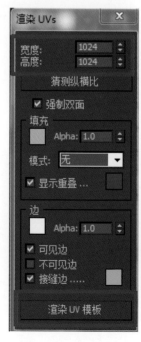

图 4.272　渲染 UVs

（6）得到一张 UV 渲贴图，单击左上角的"保存"按钮 ，将图像
保存至相应文件夹。选择 TGA 格式，单击"确定"按钮，完成所有操作。
如图 4.273 所示。

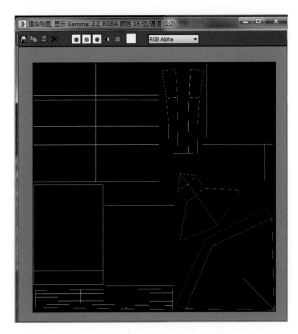

（a）

（b）

图 4.273　保存图像